공간을 지배하는 자가 스포츠 스타다

/ 스포츠에 대한 수학적 감상 /

김상룡 지음

KYOWOO

서 문

우리 인간은 시·공간을 포함한 3.5차원(완전한 공간인 3차원과 상상의 시간 공간 창출자로서의 의미)에 살고 있다고 볼 수 있다. 시간을 소유하지 못한다고 할 때, 아니 시간을 최대한 즐긴다고 여길 때, 공간은 우리에게 매우 중요한 역할을 한다. 현대는 감성을 포함한 디자인 시대라고들 한다. 그런데 이 디자인은 우리가 필요로 하는 물리적 공간을 최대한 용도에 맞게 활용될 수 있도록 공간의 의미를 살리고 기능을 발휘하도록 함과 동시에, 마음에 안정과 여유를 주는 심리적 공간을 만드는 것을 동시에 포함하는 내용이다.

다른 사람이 보지 못하거나 아무런 의미 없게 버리는 공간을 찾아 새 생명을 부여하고, 타인에게 보이도록 하고 그 공간을 즐기도록 하는 행위야말로 디자인의 핵심 사항이고 나아가 창의성의 근간을 이룬다고 할 수 있다. 공간이 디자인에서 핵심 사항이듯이 많은 분야에서 공간은 매우 중요한 위치를 차지한다. 스포츠 또한 예외가 아니다.

스포츠 경기에서, 공간의 의미를 조명해 보자. 주어진 시간 안에 정해진 규칙에 따라 공간을 적극적으로 활용하여, 각 경기가 요구하는 득점을 얻는 것이 선수들에게는 무엇보다 중요한 능력이 된다. 이를 공간 활용 능력을 포함한 공간창출능력이라 불러도 무방할 것이다.

공간을 이해하는 측면에서 선수 개인 측면, 주변 선수들 측면, 경기를 관람하는 관객 측면에서 우선 살펴보자.

첫째, 각 종목에서 선수 개인 측면에서의 공간은, 선수 각자는 경기에서 승리할 수 있는 공간을 찾아 실현하는 능력이 기본이 되고 이를 잘 함양해야 한다. 그런 측면에서 주어진 경기 공간의 이해 능력, 공간 창출능력, 공간 활용 능력이 기본이 되어, 경기를 실행한 결과가 기록으로 만들어진다. 우리 독자는 그러한 기록을 공간 측면에서 이들을 관련하여 이해해야 한다. 곧 각 경기의 공간 관점에서 기록을 적용해봄으로써 가능해질 것이다.

둘째, 주변 선수들 측면에서 보자면, 단체 경기일 때 경우에는 각 선수는 동료 선수의 공간을 확보하도록 돕고, 상대방 선수의 공간은 가능한 한 적게 가지도록 저해하는 능력을 실현해야 한다.

셋째, 관객 관점에서 공간은 주로 심리적으로 뇌에 형성되는 만족하고 희열을 느끼는 그러한 공간이 된다. 경기에 참여하는 선수들이 환상적인 공간을 만들면 대리만족을 하게 되며 그러한 공간을 상상하게 된다. 이러한 것은 경기장에서 주로 이루어지지만, 경기가 아닌 장외에서 개별 선수가 행하는 선행과 모범적인 인격은 우리를 기쁘게 하지만, 잘못된 행위는 오히려 불쾌감을 자아내어 우리의 두뇌 공간을 딱딱하게 하여 그러한 공간을 없애기도 한다. 이처럼 스포츠 선수는 우리 관객들의 심리적 공간 형성에 지대한 영향을 미침을 아는 계기가 된다.

경기가 요구하는 공간을 상상하고, 창출하고, 적극적으로 활용하는 능력을 기르는 것에서부터 출발하여(개인 경기면 최우선에 해당), 상대방의 공간 활용을 예상하고 자신의 장점을 최대한 살릴 수 있는 그러한 경기 운영 능력이 강력히 요구된다.

최고의 스타가 되기 위해서는 자신이 가장 잘 할 수 있는 능력을 극대화해야 한다. 단점을 보완한다고 해서 최고가 되지는 못하기 때문이다. 그래서 자기 분야의 경기가 요구하는 공간과 관련하여 자신이 잘 할 수 있는 부분을 알아차리고, 어떤 상황에서도 최적 공간을 가장 잘 활용할 그러한 능력을 항시 갖추고 구사할 줄 알아야 한다. 야구에서 최고끼리 맞붙어 타자가 3할을 치면 곧 10번 맞부딪혀서 3번의 성공을 이루면 최고라 하기에 부족함이 없다. 이러하기에 자신의 장점을 가장 잘 필요한 순간에 발휘할 수 있어야 한다.

공간을 지배하는 것뿐만 아니라 다음과 같은 다양한 관점의 인간에 대한 이해와 실천, 공유 등이 중요한 자질임도 밝혀 둔다.

- 하고자 하는 스포츠 종목에 적합한 신체적 요건들 (체격, 체력(순발력, 지구력, 근력, ...),
- 내적인 인간성의 구비 : 근면 성실성, 목표 의식. 인격의 조화......
- 자기만의 이야기가 있는 사람 : 역경의 극복, 환경의 극복, 최초 시도자, ...
- 그 종목에서 최초 또는 최고가 되기 위한 구체적인 목표와 계획 (개성의 추구)
- 운동선수가 참여하는 스포츠가 갖는 공간 창출력 : 공간의 상상 및 실현
- 각 경기가 갖는 공간의 이해 및 구현
- 자기 행위에 대한 반성 및 개선 정도
- 타인에 대한 배려 및 인간의 성숙 정도
- 자기 장점을 살리면서 능력을 유지하는 것
- 다른 선수들에게서 배우는 자세(관찰 능력 및 질문 능력)
- 과감함과 신중함의 조화
- 자신이 가진 것을 다른 선수나 후배에게 공유하는 것

위에서 논술한 바와 같이 각 경기가 갖는 경쟁적 요소를 공간의 이해 능력, 공간의 창출 능력, 공간의 활용 능력 등과 함께 재조명해 보는 것 또한 유익한 수학적 응용 사고 활용에 도움이 될 것이다. 그렇다면 각 스포츠 경기의 훌륭한 선수들은 그 경기 영역 내에서는 수학의 대가이며 실천가라 할 수 있다. 이미 고착화되고 정형화되고 성공한 사람의 생각만 따라 하는 것은 좋은 수학자의 본보기는 아니다. 삶의 현장에서 생동감 있고 유연성 있는 자유 사고의 발현으로 자기 삶의 장에서 적극적이고 경쟁력 있도록 사는 행위 자체가 수학적 행위의 자연스러운 연장이며 사고력 신장의 충분한 기회가 됨을 명심하고 생활화해야 할 것이다. 스포츠 선수는 자신의 경기 종목에서 자유로운 수학 상상가이며 실천가이다. 경기를 지켜보는 관중 또한 이러한 맥락을 이해하고 관찰하면서 즐기는 인간이 되기를 희망한다. 저자 나름대로 선정한 25종목 58명을 대상으로 각 경기의 공간 활용 및 창출을 근간으로 하는 공간 지배력에 대해 분석하였다.

이러한 일련의 작업 과정에서 인공지능인 Chat GPT에게 몇 사례에 대해 질문을 하고 상호작용하여, 스포츠 선수들의 공간 활용 능력, 창출 능력을 통한 경기 지배력에 대한 분석을 기초로 하여 이 원고가 최종 빛을 발하게 되었음을 알린다.

01 공간의 학문적 의미

공간은 다양한 학문에서 핵심 개념으로 작용하며, 학문마다 고유한 방식으로 정의되고 활용된다. 공간은 단순한 물리적 개념이 아니라, 인식과 활용 방식에 따라 각 학문에서 다양하게 적용된다. 이들에 대해 좀 더 구체적으로 알아보자.

수학(기하학)에서의 공간으로, 기하학에서 공간은 점, 선, 면, 입체가 놓일 수 있는 무한한 장(場)이다. 유클리드 공간으로, 1차원(선), 2차원(평면), 3차원(입체) 등을 다루며, 비유클리드 기하학은 리만 기하학(곡률이 있는 공간), 로바체프스키 기하학(평행선 개념이 다른 공간) 등이 포함되며, 위상수학에서는 공간을 위상적 성질(연속성, 경계, 연결성 등)로 분석하고, 벡터 공간 개념을 통해 선형대수에서도 공간 개념이 활용된다.

지리학에서의 공간은 절대 공간으로 경도, 위도, 좌표 등으로 측정할 수 있는 물리적 공간을, 상대 공간으로 인간의 활동과 관계 속에서 의미가 있는 공간(예: 문화적 공간, 경제적 공간)을, 인지 공간으로 사람들의 경험과 인식을 기반으로 한 공간 개념(예: '가까운 거리'가 물리적 거리와 다를 수 있음)을, 도시 계획, 공간 구조 분석, 이동 경로 연구 등에 활용된다.

건축에서의 공간은 건축은 물리적 공간을 기능적으로 설계하는 학문이며, 공간 구성 요소로 벽, 기둥, 바닥, 천장, 개방성, 폐쇄성 등이 있고, 공간의 유형으로는 폐쇄형 공간(사무실, 집)과 개방형 공간(광장, 공원)이 있다. 유명한 건축가인 루이스 칸은 "빛은 공간을 만든다."는 것으로 자연광 활용의 중요성을 언급하였고, 르코르뷔지에는 "건축은 빛 속에서 볼륨을 다루는 예술"이라고 하여 공간을 기능과 조형미로 해석했다.

동양화에서의 여백의 미를 가지는바, 동양화에서는 비어 있는 공간이 예술적 완성도를 결정짓는 요소이다. 여백의 역할로서, 균형과 조화를 들어 여백을 통해 그림의 무게 중심을 조절하고, 무한한 상상력을 유도하는바, 그림을 보는 사람이 여백을 통해 장면을 확장해서 해석 가능하고, 자연과의 조화로써 여백을 자연의 흐름과 조화롭게 활용한다. 서양화는 공간을 실재적인 물리적 공간(원근법)으로 표현하는 경향이 강하지만, 동양화에서는 여백을 통해 공간을 표현한다.

디자인에서의 공간은 시각적 요소를 배치하고 조화롭게 구성하는 역할을 한다. 물리적 공간은 제품 디자인, 건축 디자인 등에서 크기, 배치, 동선 등을 고려하고, 정신적 공간은 인터페이스 디자인(UI/UX), 그래픽 디자인에서 여백과 시각적 계층 구조를 활용한다. 공간 활용 예시로는 웹디자인으로 여백(Whitespace)을 활용하여 가독성을 높이고, 인테리어 디자인으로 가구 배치를 통해 동선과 공간 활용도를 최적화한다.

스포츠에서의 공간 활용은 공간을 지배하는 것이 경기의 핵심 전략이다. 팀 스포츠(축구, 농구 등)는 공격 시에는 공간을 넓게 사용하여 수비를 분산시키는 반면, 수비 시에는 공간을 좁게 압박하여 상대 공격을 차단한다. 개인 스포츠(테니스, 펜싱 등)는 상대의 빈 공간을 공략하는 전략적 움직임이 중요하다. 공간 인지력이란 운동선수들은 순간적으로 공간을 분석하고 활용하는 능력이 뛰어나야 한다. 예로 메시(축구)는 공을 받기 전에 공간을 먼저 분석하여 최적의 위치로 이동한다.

이처럼 공간은 모든 학문에서 핵심적인 개념으로 작용하며, 인간의 사고와 행동 방식에도 큰 영향을 미친다. 수학에서는 공간의 성질을 분석하고 구조화하며, 지리에서는 공간의 관계를 연구하고, 건축에서는 공간을 설계하고, 동양화에서는 여백을 활용하여 공간을 표현하고, 디자인에서는 공간을 배치하여 의미를 전달하고, 스포츠에서는 공간을 전략적으로 활용한다.

02 스포츠에서 공간의 의미

스포츠에서 공간은 물리적 개념을 넘어 심리적, 전략적 요소로 작용한다. 물리적으로는 경기장이 가진 크기와 규칙이 선수들의 움직임을 제한하지만, 심리적·전략적으로는 이를 어떻게 활용하는가에 따라 경기의 양상이 크게 달라진다. 공간을 지배하는 선수는 단순히 넓은 영역을 커버하는 것이 아니라, 그 공간을 언제, 어떻게 활용할 것인가를 계산하고 실행하는 능력을 갖춘다. 이는 신체적 능력뿐만 아니라 지각력, 창의력, 판단력이 조화를 이루는 결과다.

공간을 지배하는 능력을 야구, 농구, 축구, 피겨스케이팅의 사례를 살펴보자.

야구 경기는 스트라이크존과 타자의 공간 활용을 생각할 수 있다. 야구에서 투수는 스트라이크존이라는 한정된 공간 안에서 공을 던져야 한다. 하지만 단순히 공을 던지는 것이 아니라, 상대 타자의 약점을 공략하며 공간을 전략적으로 활용해야 한다. 반면 타자는 배트를 휘두르기 위해 최적의 타격 공간을 확보해야 하며, 공이 날아오는 궤적을 예측하고 반응하는 공간 지각 능력이 필수적이다.

농구에서는 르브론 제임스처럼 코트를 넓게 보며 공간을 창출하고 팀원과의 연결을 극대화하는 것이 중요하다.

축구 경기는 공간을 창출하고 파고드는 움직임 중심으로 생각할 수 있다. 축구에서는 한정된 필드 위에서 끊임없는 움직임을 통해 공간을 창출하는 것이 중요하다. 공격수는 상대 수비를 따돌리고 빈 공간을 만들어야 하며, 미드필더는 정밀한 패스로 동료에게 유리한 공간을 제공해야 한다. 공간 활용의 정점은 한순간의 예측과 창조적 움직임이 승부를 결정짓는 골 장면에서 빛을 발한다.

피겨스케이팅 경기는 공중과 빙판 위에서의 공간 예술로 볼 수 있다. 피겨스케이팅은 물리적 공간뿐만 아니라 공중 공간까지 활용하는 예술적 스포츠다. 점프와 회전은 공중에서 공간을 정밀하게 계산해야 성공할 수 있으며, 스핀과 스텝 시퀀스는 빙판 위의 공간을 최대한 활용하는 과정이다. 선수의 공간 감각과 창조적 움직임이 조화를 이루는 순간, 관중들은 마치 시간이 멈춘 듯 감동을 한다.

스포츠 경기에서 최적 공간을 활용하는 경기와 많은 공간을 적극적으로 사용하는 경기를 구분해 보자면, 최적 공간을 활용하는 경기, 많은 공간을 적극적으로 사용하는 경기로 나누어 볼 수 있다.

첫째, 최적 공간을 활용하는 경기로서, 이 범주의 스포츠는 제한된 공간에서 최대한 효율적으로 움직이며 플레이하는 종목이 해당하며, 공간 자체가 크지 않거나, 공간 내에서 전략적으로 움직이는 것이 핵심이다. 농구, 배구, 탁구, 체조 등을 들 수 있다.

농구 경기는 제한된 코트에서 효율적인 움직임과 공간 창출이 중요한데, 픽앤롤, 스페이싱, 컷인 플레이를 통해 최적의 슛 기회의 창출이 중요하다. 배구 경기는 네트가 나누어진 코트에서 빠르게 움직이며 최적의 공간에서 공격/수비를 진행하며, 블로커를 피한 공격, 리시브 시 최적의 위치 선정이 중요한 역할을 한다. 탁구 경기는 작은 테이블 위에서 순간적인 반응과 공의 회전을 활용한 최적 공간을 활용하며, 상대의 빈 공간을 공략하는 코스를 선택하는 것이 중요하다. 체조 경기는 제한된 공간(평행봉, 철봉, 마루 등)에서 신체를 최적화해 사용하는 경기이며, 마루운동에서 작은 공간을 이용한 회전 및 착지 능력이 매우 중요하다.

둘째, 많은 공간을 적극적으로 사용하는 경기로서, 이 범주의 스포츠는 넓은 공간을 활용하여 빠르게 움직이거나 전략적으로 필드를 활용하는 종목이 포함된다. 축구, 야구, 사이클과 마라톤 경기를 예로 들 수 있다.

축구 경기는 경기장의 넓은 공간을 활용하여 패스, 드리블, 포지셔닝을 통해 공격을 전개하며, 롱-패스, 측면 돌파, 수비진을 깨는 공간 침투 플레이 등이 중요하다.

야구 경기는 투수가 던진 공을 타자가 타격 후 넓은 필드를 활용하여 주루 플레이를 진행하며, 외야 깊숙한 타구로 주자 진루, 넓은 공간에서 외야 수비 전략이 중요하다.

사이클 및 마라톤 경기로서, 넓은 거리와 공간을 활용하여 경기를 진행하며, 바람 저항을 고려한 드래프팅, 코스별 최적의 위치 선정이 중요하다.

이들을 종합하면, 최적 공간 활용 경기(농구, 배구, 탁구, 체조 등)는 제한된 공간에서 순간적인 움직임과 공간 활용이 핵심이며, 많은 공간을 적극적으로 사용하는 경기(축구, 야구, 사이클 등)는 넓은 필드와 거리를 활용하여 전술적 움직임이 중요한 경기이며, 이처럼 스포츠마다 공간 활용 방식이 다르며, 각 종목의 특성에 따라 전략과 움직임이 최적화한다.

03 공간을 지배하는 자, 스포츠 스타다.

스포츠는 단순한 신체적 능력의 경쟁이 아니다. 그것은 공간을 점유하고 활용하며 창조하는 과정에서 승패가 갈리는 예술이자 전략의 싸움이다. 경기장의 경계선 안에서 선수들은 보이지 않는 공간을 직관적으로 파악하고, 유리한 위치를 선점하며, 상대보다 효과적으로 움직여야 한다. 공간을 지배하는 순간, 경기는 그들에게 유리하게 흘러가고, 관중은 그러한 장면에 환호한다. 야구에서 투수가 던진 공이 스트라이크존을 정확히 공략하는 순간, 축구에서 공격수가 수비수를 따돌리고 빈 공간을 파고드는 순간, 피겨스케이팅에서 선수가 공중을 가르며 완벽한 회전을 그려내는 순간. 이 찰나들은 단순한 기술적 성취가 아닌, 공간을 정복하는 능력이 만들어낸 예술적 경지다.

심미적 공간은 극적 순간에서 관중의 뇌에 환희의 공간을 제공한다는 의미에서도 고려할 수 있다. 스포츠에서 공간 지배력은 단순한 기술적 요소를 넘어, 관중의 감각을 자극하는 심미적 요소로 작용한다. 야구장에서 결정적 삼진을 잡는 투수의 순간, 축구장에서 수비수를 제치고 날아오르는 슛, 피겨스케이팅의 공중 3회전 점프 후 완벽한 착지. 이 모든 순간은 단순한 경기 일부가 아니라, 인간의 한계를 초월하는 공간 예술로 기억된다. 공간을 지배하는 자가 스포츠의 흐름을 바꾸고, 결국 스포츠 스타가 된다.

경기 순간의 환희를 경험하도록 하는 것은 공간 창출의 연장선으로 볼 수 있다. 스포츠 경기에서 관객이 감탄하고 환희를 느끼는 순간은 단순히 경기가 잘 진행되거나 팀이 승리하는 것 이상의 의미가 있다. 이러한 감정을 창출하는 것은 물리적 공간뿐만 아니라 심리적, 정서적 공간을 조성하는 일이다. 공간 창출의 핵심은 사람들이 특정 공간에서 어떤 경험을 할 수 있는지, 그리고 그 경험이 어떤 감정을 유도할지를 설계하는 것이다. 경기장이나 수학 카페와 같은 공간에서 환희의 순간을 경험하도록 하는 것은 그 공간을 단순한 관람 공간을 넘어서, 참여와 몰입의 공간으로 바꾸는 과정이다. 이런 의미에서, 환희를 유도하는 경험을 설계하는 것도 공간을 창출하는 중요한 요소라고 할 수 있다. 경기 순간의 환희를 유도하는 공간 창출의 요소로, 몰입감 증대, 관객의 참여와 상호작용, 감동의 순간을 창출하는 요소들, 집중할 수 있는 공간 설계, 공간의 감정적 배경 등을 들 수 있다. 경기의 분위기를 더욱 고조시킬 수 있는 요소로는 공간의 역사성이나 문화적 배경이 포함된다. 예를 들어, 어떤 팀이나 경기가 중요한 의미가 있을 때, 그 의미를 강조하는 공간적 요소들(예: 기념물, 상징물, 플래그)이 환희를 더욱 증대시킬 수 있다. 정서적 연결이 강해질수록 관객들은 경기의 순간을 더 강렬하게 경험하고, 그로 인해 환희가 증폭된다.

결론적으로 경기에서의 환희의 감정을 유도하는 것은 공간 창출의 연장선에 완벽하게 부합한다. 물리적 공간과 심리적 공간을 잘 결합하여, 경기가 진행되는 동안 관객이 몰입하고 상호작용하며, 중요한 순간에 감동적이고 강렬한 반응을 경험하게 하는 것이 바로 공간 창출의 핵심이다. 이는 단순히 물리적 환경을 넘어서서, 감정적 환경을 설계하는 과정으로 볼 수 있다.

· 목 차 ·

01

야구

1. 경기규칙
2. 경기장 재원
3. 야구에서 공간 의미 및 공간 창출 능력
4. 개별 선수

01 야구

개별선수

박찬호, 오승환, 류현진, 추신수, 이승엽, 양준혁, 김하성

1 | 경기규칙

야구의 한자는 들 야와 공 구로 들에서 할 수 있는 경기로 여겨진다. 초기에는 타구, 격구의 이름으로 불렸으며, 도구를 이용하는 스포츠로 세계적으로 널리 알려져 있다. 야구(野球)는 총 9명으로 편을 이룬 두 팀이 9회에 걸쳐 서로 공격과 수비를 번갈아 하여 거기서 얻은 점수로 승패를 겨루는 구기 경기이다. 공격 측은 타순에 따라 상대 투수의 공을 치고 1·2·3루를 거쳐 본루(홈)로 돌아오면 1점을 얻는다.

야구는 감독이 지휘하는 10명(투수1 + 타자9)의 선수로 이루어진 두 팀이 승부를 가리는 스포츠이다. 경기는 총 9회로 이루어져 있다. 각 회는 -회 초/말 형식으로 진행되며, 이때 두 팀은 공격과 수비를 번갈아 가며 하게 된다. 배트를 잡은 타자 쪽이 공격이며 점수를 얻기 위해서는 타자가 1루, 2루, 3루를 거쳐 홈으로 들어오면 된다. 이때 홈으로 들어오는 한 사람 당 1점을 획득한다.

① **OUT** : 타자가 공을 쳤을 경우 공이 땅에 닿기 전에 수비 쪽에서 공을 잡은 경우 / 타자 주자가 -루에 도착하기 전에 -루수가 공을 먼저 잡은 경우, 스트라이크 3번인 경우가 이에 해당하며 3 OUT이 되면, 공격 팀이 공격기회를 넘겨주게 된다.

② Strike : 타자가 쳤으나, 방망이에 공이 맞지 않은 경우, 타자가 치지 않고, 공의 일부분이 Strike존을 통과한 경우, 파울한 경우(파울 1번 = Strike 1번)가 이에 해당하며, Strike 3번이면 1 OUT이 되면서 다음 타자가 공격하게 된다.

③ Ball : 타자가 타격하지 않을 때 공이 Strike 존을 통과하지 않은 경우, 20초 이상 공을 던지지 않을 때가 해당하며, Ball이 4개면 주자는 다음 루로 진출하게 된다.

④ Home run : 타자가 친 공이 야구장의 외야펜스를 넘기는 경우로 타자를 포함해서 다른 루수에 있는 주자까지 모두 점수 획득하게 된다.

2 | 경기장 재원

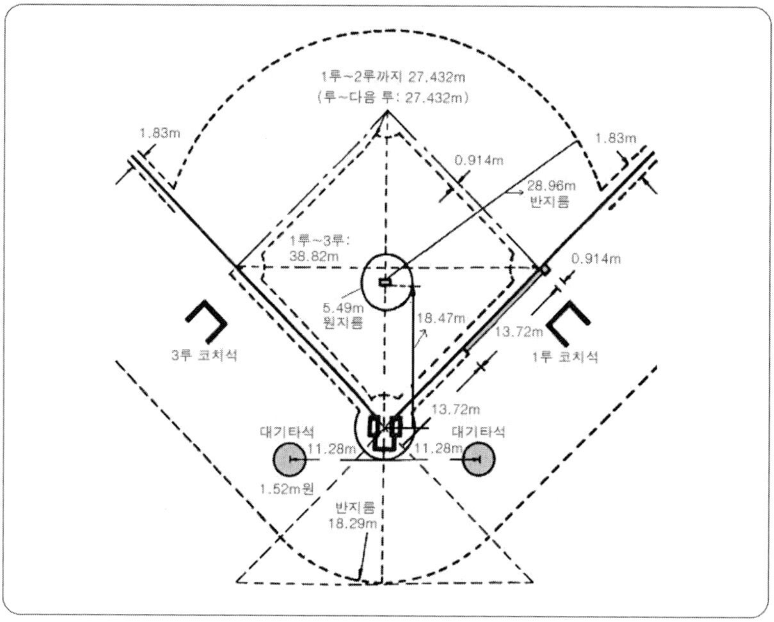

각 루간 거리는 27.431m, 홈에서 투수발판까지는 18.44m, 홈에서 2루까지는 38.795m, 홈에서 좌측 펜스까지는 91m이상, 홈에서 우측 펜스까지는 91m이상, 홈에서 중앙 펜스까지는 105m이상, 좌측 펜스에서 우측펜스까지 직선거리는 76.199m이상 되어야한다.

3 | 야구에서 공간 의미 및 공간 창출 능력

투수의 주요 능력은 타자가 배트로 공을 맞출 수 있는 공간을 가능한 한 적게 주도록 만드는 것이고, 반대로 타자의 주요 능력은 배트에 공을 맞힐 공간을 창출해 내는 것이다. 우리가 익히 알다시피, 투수의 능력은 구속이 빠르면 빠를수록, 제구력이 좋으면 좋을수록, 구질이 다양하면 할수록, 타자의 약점을 적극 이용할수록, 타자가 예측하기 어려운 투구 패턴을 만들어 낼수록, 타자가 공간을 적게 활용할 수 밖에 없도록 만드는 능력이 된다. 타자의 능력은 순간적인 판단력, 투수의 볼을 예측하는 능력, 정확한 타이밍, 빠른 주력, 파워 등의 능력이 공간을 만드는 능력이 된다. 냉정한 두뇌(위기 극복이나 집중력), 정확한 눈(S/B의 판단), 훌륭한 판단(추론), 정확함(제구력과 컨텍트 능력)이 야구에서 필요한 공간 창출을 잘 할 수 있는 근간이 된다.

단순하게 투수, 타자로 나누어 살펴보자. 투수는 매 투구마다 구질(직구, 커브 등), 구속, 포구된 지점(제구능력과 관계) 등이 기본이 되고, 한 타자를 대상으로 한 경우에는 스트라이크 아웃, 볼넷, 사구, 안타(1,2,3), 홈런, 어떤 수비수에 의해 결정되었는지를 기본 자료로 하여, 경기 결과를 정리한 승율(승패가 결정된 경우 승수/승수+패수) 방어율(9회를 던진 경우 실점 환산 점(비자책은 제외)), 피안타율, 피홈런율 등이 기록되어 진다. 여기에 또한 위기관리능력, 6회까지 3점 이내를 허용한 경우 컬리스타트 등이 기록된다(요즈음은 7회까지 3점 이내를 허용하면 컬리스타트 +라고 한다. 곧 보다 많은 이닝 소화 능력을 갖는 것이 중요하다.)

반면 타자의 경우에는 반대로 타율, 출루율, 타점, 홈런수, 도루수, 승리타점, 수비 시 에러, 장타율(OPS, SLG) 등이 기록 대상이 된다.

이러한 기록의 기본적인 공통성 중 하나가 타자는 투수가 던진 공을 타자가 배트에 맞추어 빈 공간을 찾아 1루 이상을 살아가는, 즉 이러한 공간을 효율적으로 만들고 활용할 수 있는 능력인 공간 창출 및 이해 능력이 가장 중심에 있다고 볼 수 있다. 이의 역의 관계가 투수와 수비수의 능력 측도일 것이다. 야구와 관련된 다양한 측면을 고려해 보자.

① **타순** : 9명의 타자가 공을 치는 순서의 경우의 수는 9*8*7*6*5*4*3*2*1 = 362,880이다.

② **타점**(RBI) : 자기의 타격 결과로 득점하게 한 주자의 수

③ **타율**(AVG) : 타자가 타석에 들어서서 안타를 칠 확률(안타 수/타수)로 3할대는 우수 선수, 4할 대는 특급선수에 해당한다.

④ **출루율**(OBP) : 출루한 횟수를 타석에 오른 횟수로 나눈 것으로 타자가 안타를 쳐 출루한 것은 물론이고 데드볼로 인해 출루한 것 역시 출루 횟수에 포함한다. 출루율(안타 수+고의 사구+사구)/(타수+고의 사구+사구+희생플라이)에서 0.5를 넘기거나 가까울수록 특급 선수에 해당한다.

⑤ **장타율**(SLG) : 단타를 1, 2루타를 2, 3루타를 3, 홈런을 4로 계산하여 합한 수를 타수로 나눈 값으로, 타수 당 몇 루를 진루할 수 있는가 하는 능력을 보여주는 기대 수치를 말한다. 장타율이

0.500인 타자가 있다면 장타를 칠 확률이 50%라는 것이 아니라. 타수마다 0.5루의 진루를 기대할 수 있다는 뜻이며. 0.6이상이면 특급선수에 해당한다.

⑥ 야구장 속의 수학

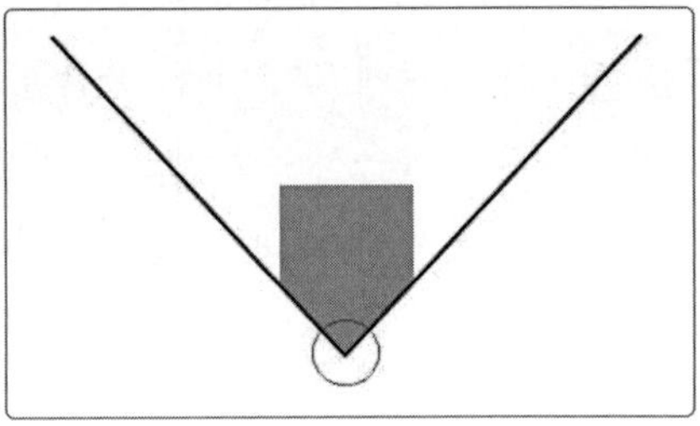

야구의 홈플레이트는 오각형으로 되어있다. 야구가 처음 시작됐을 때 홈플레이트는 둥근 모양이었다. 그러다가 1869년에 홈플레이트가 가로, 세로 각각 12인치의 정사각형 모양이 채택되어 1900년까지 사용되다가 1901년에 오각형으로 바뀌었다. 이는 주심과 투수가 스트라이크존을 명확히 볼 수 있도록 하기 위해서다. 오각형의 뾰족한 부분은 주심과 투수의 시선을 모으는 역할을 하기 때문이다. 다음은 1루와 3루의 방향을 잡아주기 위함이다. 오각형 빗변을 따라 선을 그면 1루와 3루의 베이스 라인을 정확하게 그릴 수가 있다.

야구를 보면서 투수 마운드가 다른 곳보다 높은 것을 알 수 있다. 그 이유는 다음과 같다, 타자가 방망이를 휘두르는 스윙의 궤적을 보면 땅과 평행을 이루는 경우가 많다. 만약 투구 마운드가 타자가 서 있는 곳의 높이와 같다면, 투수가 공을 던지고 타자가 공을 치면 그 공이 투수의 정면으로 가 위험해질 가능성이 크다. 또한, 투수의 공이 위에서 아래로 던져야 수평의 스윙궤적과 확률적으로 만나기 어려워진다.

⑦ 안타 확률과 야구

타율이 3할이면 타격을 잘하는 선수이다. 3할을 소수로 나타내면 0.3이고 확률로 풀어서 본다면 10번 나와서 3번의 안타를 쳤다는 것을 말한다. 그런데, 이것을 뒤집어 보면 안타를 못 칠 확률이 7할이라는 뜻이다. 투수가 던진 공이 타자에게 가는 시간은 0.4초 정도 된다. 즉, 타자가 투수가 던진 공에 반응해 방망이를 휘두르는 데 필요한 시간도 0.4초이다. 거기에 야구공에는 216번의 바느질로 인해 108개의 실밥이 있다. 투수는 그 실밥을 이용해서 공을 던질 때 다양한 변화를 준다.(직구, 커브, 슬라이더, 포크볼 등) 이런 다양한 변화의 공을 0.4초 만에 확인하고 공을 친다는 것은 아무리 빠른 판단력을 가진 인간도 쉽지 않다. 그래서 타자들은 투수가 던질 공을 예상하고 타석에 들어가서 방망이를 휘두르게 된다. 최상의 승부가 이루어질 때 10번의 기회에서 3번 성공하면 좋은 승부가 된다. 곧 3할대는 우수 선수, 4할대는 특급선수에 해당한다.

⑧ 도루 확률과 야구

투수가 투구 모션에서 공을 놓을 때까지 약 0.8초, 여기에다 투수가 던진 공이 포수 미트에 닿는 시간을 더하면 약 1.35초, 공을 잡은 포수가 2루로 송구하는 데 약 2초가 걸린다고 할 때, 주자에게는 총 3.3~3.4초의 시간이 주어진다. 100m를 12초에 달리는 주자가 27.4m 떨어진 2루까지 뛰려면 약 3.3초가 필요한데, 준비동작을 생각하면 4초 안팎의 시간이 필요하게 된다. 그러므로 3.4초(포수의 송구)와 4초(주자의 도루)를 보면 수학적으로 성공 확률이 0%에 가까운 게 도루다. 하지만 실제 경기에서는 도루를 막는 저지율이 4할 즉, 40%정도 된다고 하니 성공률이 60%가 되는 것이다. 슬라이딩까지 한다면 확률은 높아진다.

⑨ 야구 방망이 속의 수학

야구 방망이를 자세히 보면 끝부분에 둥근 홈이 파여 있는 경우를 흔히 볼 수 있다. 방망이 끝부분의 무게를 줄여 방망이가 돌아가는 속력을 빠르게 하려고 한 것이다. 방망이 끝이 가볍다면 그만큼 방망이의 스윙 속도를 빠르게 할 수 있다. 한편, 홈을 둥근 모양으로 한 것은 방망이를 휘두를 때 무게 중심이 일정하게 하기 위해서이다. 사각형으로 홈을 팔 경우, 스윙 시 무게 중심이 일정치 않기 때문에 방망이를 잡을 때마다 무게 중심이 달라진다.

⑩ 투구 법 속 수학

야구에서 투수가 던지는 공은 다양하다. 일반적으로 타자들은 직구나 좌우로 휘는 공보다 위에서 아래로 떨어지는 커브를 공략하기 힘들어한다. 타자 입장에서 보면 커브는 처음엔 직구처럼 보이다가 홈플레이트 바로 앞에서 방향을 바꾸며 뚝 떨어진다. 공은 실제 경기에서처럼 빠른 속도로 회전하면서 들어온다. 포수 입장에서 공을 정면으로 바라보면 정확하게 아래로 떨어지는 것으로 보인다. 하지만 타자 입장에서 시선을 비스듬히 해서 보면 마치 공이 비스듬히 꺾여서 떨어지는 것처럼 보인다. 우리가 주변 시야(peripheral vision)를 사용할 때 대뇌는 물체의 전반적인 방향뿐만 아니라 물체의 내적인 움직임(커브공의 경우에는 회전)을 통해 물체가 어떻게 움직이는지를 판단한다. 타자의 경우, 타석에 들어섰을 때 몸은 투수와 거의 직각 방향으로 서지만 고개를 오른쪽 또는 왼쪽으로 돌려 마운드 쪽을 보고 공을 친다. 커브를 던지는 투수의 손에서 공이 출발할 때는 타자의 시야는 공의 중앙에 있었지만, 공이 가까이 올수록 주변 시야와 겹친다. 이 같은 시야의 전환 때문에 커브공이 갑자기 방향을 바꾸는 것처럼 보인다는 것이다.

변화구의 원천은 '마그누스 힘'이다. 구기 종목에서 움직이는 공의 궤적이 바뀌는 가장 기본적인 원리는 공의 회전에 의해 생기는 '마그누스 힘'이다. 마그누스 힘으로 공이 휘어지는 것은 야구뿐 아니라 축구의 바나나킥, 테니스의 에그 볼 등에서도 볼 수 있다. 마그누스 힘은 공의 회전과 공 옆을 흐르는 공기의 흐름을 바탕으로 설명할 수 있다. 구기 종목에서 공이 회전하면서 날아가면, 공의 한쪽에서는 공이 받는 공기의 흐름과 회전 방향이 일치한다. 그러면 한 쪽에서는 공기의 흐름이 빨라져, 주위보다 압력이 약간 낮아진다. 반대쪽(공의 아래쪽)은 공이 받는 공기의 흐름과 회전 방향이 반대이기 때문에 공기의 흐름이 늦어져 주위보다 압력이 약간 높아진다. 그 결과 공 양쪽에 압력의 차이가 생겨서 압력이 높은 쪽에서 낮은 쪽으로 공이 움직이는 것이다. 이것이 바로 마그누스 힘이다. 마그누스 힘은 공의 회전수가 많고 공의 진행 속도가 빠를수록 커진다. 그리고 일류 투수들은 공의 회전수와 공의 속도, 공의 회전축(공의 회전 방향)을 자유자재로 다루어 마그누스 힘의 크기와 방향을 바꿈으로써 다양한 방향으로 휘어지는 공을 만들어 낸다.

포크볼은 중력으로 '자연스럽게 떨어지는 공'이다. 한편 야구에서 위력을 발휘하는 공 중의 하나가 떨어지는(가라앉는) 포크 볼이다. 일반적으로 타자는 위쪽 방향의 마그누스 힘에 의해 별로 떨어지지 않는 직구의 궤도에 익숙해져 있다. 그것을 변화하지 않는 공이라고 인식한다. 그 때문에 자연히 떨어지는 포크 볼을 '변화하는 공(변화구)'이라고 느끼게 된다. 더구나 직구가 올지 포크볼이 올지 알 수 없는 상황에서 타자는 포크 볼을 급격히 떨어지는 공처럼 느끼게 되는 것이다. 공은 힘을 받은 방향으로 서서히 속도를 높여 간다. 포크 볼은 던진 순간부터 떨어지기 시작한다. 처음에는 직구와의 궤도차가 적다. 그러나 최종적으로 60cm정도의 낙하 폭의 차가 나온다. 이 때 직구의 궤적 부피는 구할 수 있지만 커브의 궤적 부피는 구하기 힘들어서 미적분이 쓰인다. 직구와 변화구 모두 같은 부피를 가진 궤적에 따라 날아오지만, 변화구는 진행방향이 휘어져 타자가 속기 쉬우므로 직구보다 변화구가 치기 어렵다.

⑪ 선수 카드와 통계

야구공을 던질 때는 각도, 달릴 때는 속도, 토너먼트 경기에서는 확률과 경우의 수 등 야구는 다양한 수학적인 분석이 가능하다. 하지만 그중에서도 야구는 통계의 스포츠이다. 통계 없는 야구는 팥 없는 팥빵과 같다. 투구부터 타격, 주루에 이르기까지 모든 것을 통계로 정리하기 때문에 야구 선수의 성적을 비교하거나 선수를 선발하는 평가 기준이 된다. 관중이나 시청자가 이러한 정도를 경기를 보면서 즐기는 방법에는 '야구 카드'가 있다. 관중은 사각형으로 된 카드를 통해 1870년대에 프로 경기가 시작된 후부터 정리된 수많은 야구 스타의 기록을 볼 수 있다. 지금은 모든 운동 종목에서 이런 카드를 찾아볼 수 있다.

야구 기록표에는 어느 팀이 이겼는지, 누가 득점했는지, 누가 몇 개의 안타를 쳤는지, 어느 투수가 몇 회를 던졌는지, 심지어 누가 심판이었는지도 기록되어 있다. 이런 기록표가 모이면 각 선수의 통산 타격 기록이나 투구 기록, 연도별 기록 등이 통계로 만들어진다. 앞서 설명한 평균자책점(ERA)과 이닝 당 출루 허용률(WHIP)도 통계로 표현되는 야구이다.

야구에서 가장 흔하게 접하는 통계는 '타율'이라고 볼 수 있다. 타율은 안타 수를 타수로 나눈 것으로 타자의 타격정확도를 가늠하는 척도가 된다. 이때, 타율이 높을수록 강타자이다. 타율을 말할 때는 소수를 그대로 읽기도 하지만 일반적으로 소수점 아래 첫째 자리에 '할', 둘째 자리에 '푼', 셋째 자리에 '리'를 붙여 읽기도 한다.

4 | 개별 선수

1 박찬호 선수

박찬호는 대한민국의 은퇴한 야구 선수로 현재 미국 내셔널 리그 샌디에이고 파드리스의 고문이다. 그의 최전성기는 많은 정상급 타자들이 약물 복용이 극심하던 1997년에서 2001년 사이였다. 그 당시 박찬호는 LA 다저스에서 1선발급 에이스까지 올라갔었다. 그는 한국인 최초로 메이저리그 100승을 달성한 투수이며 아시아인 최다승(124승)을 기록했다. 또 한국인 야구 선수 최초로 메이저리그에서 홈런을 친 타자이기도 하다. 그는 우수한 기록으로 당대 내셔널리그 우완 최고 투수 중 한 명이라 평가받으며 MLB 올스타에 선정되었다. 또 FA 시장에서 투수 부문 1위로 평가받기도 했다. 대한민국 최초이자 두 번째 아시아인 메이저리거, 한국 스포츠의 상징, 영웅, 한국 야구 역사상 최고의 투수 등의 수식어는 선수에게 어마어마한 부담감을 줄 수 있지만, 박찬호는 그 수식어가 무색하지 않게 결과로 실력을 입증했다.

그의 능력과 관련된 수학적 측면을 살펴보도록 하자. 박찬호는 아시아 야구 역사상 최고로 강한 직구(패스트볼)를 던진 투수로 유명하다. 직구는 빠르게 회전하는 공인데 포심(4-seam)의 회전방향이 타자, 하늘, 투수 순이어서 회전 속도가 빠를수록 공이 떨어지지 않는다고 한다. 그는 1996년 다저스 팀에 있을 때 시속 161km의 투구 속도를 기록했다. 박찬호는 96~97시즌에는 경기 내내 평균 시속 152km 이상의 직구를 던지며 경기 후반까지도 157km의 직구를 던지는 모습을 종종 보여줬었다.

투구 속도는 투수의 능력과 가능성을 평가할 수 있는 중요한 요소이다. 물론 구질과 제구도 중요하지만, 속도가 가장 중요하게 여겨진다. 투구 속도의 평가는 속도 측정기로 하는데, 투구 속도가 시속 145km가 안 되면 메이저리그에 들어가기 어렵다. 박찬호는 다양한 구질을 구사하는 것 이전에 빠른 투구 속도를 갖추었기 때문에 메이저리그에 진출할 수 있었다.

또한 박찬호는 오른손 투수로 커브볼과 체인지업을 구사한다. 파워 커브볼은 빠른 속구라는 전제로 팔의 각도를 조절해서 던지는 공이다. 던질 때 팔꿈치가 어깨 위에 있고 손과 손목이 팔뚝과 수직선을 이뤄야 한다. 그다음 손목을 앞뒤로 빠르게 스냅하면서 던지면 된다. 체인지업은 패스트볼과 비슷하지만, 공의 비행 속도가 떨어지는 구종으로 홈 앞에 뚝 떨어진다. 박찬호는 강속구로 패스트볼을 던지는 감을 살려 체인지업을 구사했다.

이런 다양한 변화구는 어떻게 가능한 것일까? 그 비밀은 야구공의 108개의 실밥에 있다. 공이 회전하며 날아갈 때 공기는 공의 표면을 타고 공의 뒤쪽으로 흘러간다. 이때 실밥에 없다면 공의 뒤쪽에는 공을 뒤로 잡아당기는 힘이 강하게 생겨서 공이 멀리 날아가지 못하게 한다. 하지만 실밥이 공기의 흐름을 불규칙적으로 만들어서 공기가 공 뒤쪽의 소용돌이를 줄이면 공이 훨씬 멀리 날아가게 된다. 또 공이 회전할 때 실밥이 공기와의 마찰을 크게 하여 마그누스 효과를 극대화해 공이 휘어 나가는 것을 도와준다. 실제로 다양한 구질을 구사하려면 이 실밥을 사용하여 공을 잡아야 한다.

투수는 저마다 고유한 투구 자세가 있다. 대부분 세트포지션에서 발을 앞으로 뻗고, 손을 머리 위로 올리고, 뒷발로 밀어주면서 팔을 뻗으며 공을 던진다. 발을 앞으로 뻗는 동작을 할 때 박찬호는 다리를 매우 높게 들어 올린다. 이 동작은 공을 던지는 최대 힘을 얻기 위해서 무게 중심 이동을 위한 것이다.

다음은 평균자책점(ERA)과 이닝 당 출루 허용률(WHIP)을 알아보자. 야구에서 투수의 능력을 수치로 보여주는 방법의 하나인, 평균자책점(ERA)은 투수가 투구한 총 이닝과 허용한 자책점을 평균적으로 환산하여 9이닝 당 자책점(투구와 관련 없는 수비행위로 인한 실점은 제외)으로 보여주는 통계수치이다. 예를 들어 36이닝 동안 18실점 15자책점인 투수의 ERA는 $9 \times 15 \div 36 = 3.75$가 된다.

평균자책점(ERA) = (9 × 자책점) ÷ 투구이닝

2011년 기준으로 MLB나 한국프로야구의 리그 평균 득점이 4.5점 사이에서 주로 형성되며 이에 따라 규정 이닝을 넘기는 선발 투수 기준으로 평균자책점 4.5 이하면 웬만한 팀에서 3선발이 가능한 준수한 투수로 평가되며, 3.5 이하면 팀 내 에이스급 투수, 3.0 이하면 국가대표 에이스급 투수로 평가한다. 2001년 박찬호의 ERA는 3.50으로 2011년 기준으로 판단하기에 모호한 것을 고려하더라도 나쁘지

않았다.

이닝 당 출루 허용률(WHIP)은 피안타 수와 볼넷 수의 합을 투구 이닝으로 나눈 수치이다.

이닝 당 출루 허용률(WHIP) = (볼넷 개수 + 안타 개수) ÷ 등판 이닝 수

일반적으로 1.00 미만이라면 야구계를 대표하는 에이스, 1.20 미만이라면 구단을 대표하는 에이스, 1.40을 웃돌면 성적이 떨어지는 선수로 평가한다. MLB 시절 박찬호의 WHIP은 첫 해인1994년과 2007년을 제외하고는 늘 1점대에 머물렀으며 1997년에는 1.14, 2001년에는 1.17을 기록하기도 했다.

이들 기록과 활동들을 종합해 볼 때, 타자의 공간 활용을 억제하는 능력이 뛰어나서 공간을 지배하였으므로 박찬호 선수는 스포츠 스타이다.

2 오승환 선수

최소경기 200세이브의 신기록을 세우고 한국 리그에서 방어율 0.63으로 방어율 1위, 세이브 1위를 기록하고 있는 끝판 대장, 부처처럼 표정이 없다 하여 돌부처, 돌과 같은 직구를 던진다 하여 돌직구 별명을 가진 오승환 선수.

오승환 선수는 투수 중에서 마무리 투수 역할을 하고 있다. 마무리 투수란 주로 세이브 목적으로 제일 마지막으로 등판하는 투수를 말하며 팀의 승리를 지키기 위해 주로 9회나 혹은 8회에 등판하는 투수를 말한다. 야구에서 마무리 투수의 존재의 필요성으로 일본의 한 감독은 우승팀의 10가지 조건 중 가장 중요한 것이 마무리 투수라고 하였으며, 1990년대 이후 늘 국내 프로야구 우승팀에서는 최정상급 마무리 투수가 항상 있었다는 것으로 존재의 필요성을 표현한다. 마무리 투수는 무엇보다도 신체적인 측면보다 정신적인 측면이 강해야 한다. 왜냐하면 선발 투수와는 달리 뒤에 나와서 막아줄 투수도 없이 자신의 힘으로 모든 경기를 마무리 지어야 하기 때문이다.

우선 오승환 선수의 신체적인 측면의 능력치를 평가해 보자. 마무리 투수에게는 어깨 근육과 팔꿈치 근육 그리고 손의 악력, 그리고 몸을 앞으로 던지면서 투구하기에 하체의 근육이 중요하다. 오승환 선수는 꾸준히 웨이트 운동과 식이요법을 병행하기에 어깨 근육은 상당히 높은 수준이다. 그리고 무엇보다도 직구를 던질 때 손의 악력에 따라 회전수가 바뀌기 때문에 악력이 상당히 중요한데, 오승환 선수의 악력은 83kg이다. 일반인들이 40kg 정도이고 레슬링이나 이런 운동을 하는 선수들이 60kg인 걸 고려한다면 상당한 악력임을 알 수 있다. 하체 근육도 중요한데 허벅지의 둘레가 28인치로 웬만한 여자들의 허리둘레를 훨씬 능가하는 허벅지다. 한마디로 그는 타자의 공간을 방해할 신체적으로 적절한 조건을 갖추었다고 보인다.

오승환은 마무리 투수로서 공간을 창출하고 제한하는 능력이 탁월했던 선수이다. 그의 투구 스타일과 경기 운영 방식을 공간적 관점에서 분석하면, 그는 단순한 직구형 투수가 아니라 상대 타자들의 공간 활용을 철저히 봉쇄하며 자신에게 유리한 투구 공간을 창출하는 투수였다. 이를 분석해 보면, 첫째, '돌부처'라는 별명에 담긴 공간적 의미의 심리적 공간 장악으로, 마무리 투수는 타자를 압도해야 하며, 그 자체가 심리적인 공간을 만들어내는 과정이다. 그는 감정 기복 없이 같은 패턴으로 공을 던지는 스타일로, 상대 타자들에게 불필요한 기대감을 주지 않았다. 이에 따라 타자들은 그를 상대로는 변수를 기대하기 어렵다고 느꼈고, 결국 그의 투구 공간에 갇히게 되는 효과를 경험했다. 즉, 타자의 심리적 공간을 축소하고, 자신의 안정적인 투구 패턴을 통해 마운드를 지배하는 형태였다. 둘째, '돌직구'와 공간 창출로서, 수직적인 공간 활용 능력으로, 그의 특징은 강력한 포심 패스트볼(직구) 하나로 타자들을 압도하는 능력이다. 하지만 단순히 직구를 던지는 것이 아니라, 투구 높이를 미세하게 조절하며 공간을 창출했다. 바깥쪽 낮은 직구는 타자가 방망이를 쉽게 뻗기 어려운 공간, 높은 존의 직구는 헛스윙을 유도하는 효과적인 공간, 코너워크(스트라이크존 모서리 공략)는 타자의 중심 이동을 어렵게 만들어 타격 공간을 제한 등 이처럼 단순한 직구도 다양한 공간을 창출하는 방식으로 활용했다. 셋째, 위력적인 슬라이더 구사로 타자의 타격 공간 붕괴를 꾀하였는데, 그의 슬라이더는 단순한 변화구가 아니라, 상대 타자의 공격 공간을 무력화하는 도구였다. 특히 포심 패스트볼과 같은 궤적에서 출발해 갑자기 각을 틀며 스트라이크존을 벗어나는 슬라이더는 타자들의 타격 공간을 철저히 봉쇄하는 역할을 했다. 이는 타자들이 기본적으로 직구를 대비하도록 유도한 뒤, 예상했던 공간과 완전히 다른 곳에서 공을 마무리하도록 설계된 패턴이다. 즉, 그는 슬라이더를 활용하여 타자가 설정한 타격 공간 자체를 붕괴시키는 능력을 갖춘 투수였다. 넷째, '같은 투구 자세'로 만드는 예측 불가능한 공간으로, 마무리 투수는 상대 타자가 투구를 읽지 못하도록 해야 한다. 그는 모든 공을 같은 자세에서 던지며, 공의 움직임을 마지막까지 숨기는 능력이 뛰어났다. 이렇게 하면 타자는 공이 손에서 떠나는 순간까지 변화구인지 직구인지 판단하기 어렵게 되고, 자신의 타격 공간을 설정할 시간을 빼앗긴다. 결과적으로 타자가 원하는 타격 공간을 창출하지 못하고, 그가 원하는 공간에서 스윙하도록 유도되는 효과가 발생했다. 다섯째, 컨트롤을 활용한 상대 타자의 공간 제한으로, 그의 강점 중 하나는 정확한 제구력인데, 볼을 던질 때도 타자가 배트를 쉽게 내지 못하는 '애매한 공간'에 던지는 능력이 탁월했다. 예를 들면, 볼카운트가 불리할 때 스트라이크존 가장자리(코너워크)에 공을 던져 심리적 압박을 가하고, 스트라이크존 바로 바깥쪽에 던져 헛스윙을 유도하고, 몸쪽 공으로 타자를 물러서게 만든 뒤, 바깥쪽 공으로 승부하는 전략을 구사했다. 이러한 투구 방식은 타자의 공간 인식을 흐리게 하고, 자신의 타격 루틴을 잃게 만드는 효과가 있었다. 마지막으로 마무리 투수로서의 공간 지배력으로 마지막 9회라는 특별한 공간으로, 마무리 투수는 단순히 1이닝을 던지는 것이 아니라, 경기에서 가장 중요한 공간(마지막 9회)을 책임지는 선수인데, 그는 이 공간에서 누구보다 강한 집중력을 보여주었고, 그 결과 '돌부처'라는 별명을 얻게 되었다. 그는 9회에 등판하면 상대 팀이 심리적으로 위축될 만큼 강한 존재감을 가지고 있었고, 이는 단순히 구위가 좋아서가 아니라, 그가 경기를 끝낼 수 있는 공간을 만들어내는 능력이 뛰어났기 때문이다.

결론적으로, 오승환은 단순히 강속구를 던지는 투수가 아니라, 공간을 읽고 조절하는 능력을 통해 타자를 압도하는 마무리 투수였다. 그의 존재 자체가 타자들이 자유롭게 플레이할 수 있는 공간을 없애버리는 효과를 만들어냈으며, 결국 그는 공간을 지배하는 마무리 투수의 전형적인 사례로 평가될 수 있다.

3 류현진 선수

류현진은 훌륭한 야구선수이다. 류현진 선수의 MLB기록은 다음과 같다. 2013-2023년까지 10시즌을 지냈으며, LA 다저스, 토론토 블루제이스에서 활동하였으며 한국 한화 팀에서 선수 생활을 이어가고 있다. 한국에서의 기록은 제외하고도 MLB 통산 기록은 180경기 출전, 1055.1 이닝을 소화하였으며, 78승 48패를 기록 승율 .619, 방어율 3.27, 934개 탈삼진을 거두었으며, 1013개 피안타, 116개 피홈런, 243개 사사구를 기록하였다. 그리고 1.18 WHIP, fWAR 20.1 bWAR 18.8을 누적 기록으로 남겼다.

류현진 선수의 메이저리그에서의 공간 지배력은 단순한 구속이나 힘에 의존하지 않고, 정확한 제구와 구종 조합, 그리고 상대 타자의 심리를 이용한 공간 활용에 기반을 두었는데, 이를 몇 가지 핵심 측면에서 분석해 보자. 첫째, 스트라이크존 활용으로, 그는 정교한 제구력으로 스트라이크존의 모든 영역을 활용하며, 타자가 예측하기 어려운

공을 던진다. 좌우 코너 활용으로, 바깥쪽 공을 던져 타자의 범위를 좁히고, 이후 몸쪽 공으로 균형을 무너뜨리는 전략을 자주 사용하며, 높낮이 조절로서, 포심 패스트볼과 체인지업, 커터 등을 섞어 위아래 공간을 효과적으로 활용하여 타자의 스윙을 유도한다. 예를 들어, 체인지업을 낮게 깔아 유도한 후, 패스트볼을 높은 존에 던져 헛스윙을 이끌어 내는 방식이다. 둘째, 타자의 스윙 공간 제어로서, 그는 타자가 편하게 스윙할 수 있는 공간을 줄이는 능력이 뛰어나다. 속구와 변화구의 조합으로 속구를 몸쪽으로 붙여 타자의 자세를 흐트러뜨린 후, 바깥쪽 체인지업을 던져 타자가 손을 뻗게 만든다. 느린 구속을 활용한 타이밍 조절로는 평균 구속이 빠르지 않지만, 타자의 배트가 먼저 나가도록 속도 차이를 조절하며, 공이 들어오는 공간을 예측하기 어렵게 만든다. 2019년 ERA 2.32 (MLB 전체 1위)를 기록한 시즌에서도, 맞더라도 정타가 나오기 어려운 곳에 공을 던지는 능력이 핵심이었다. 셋째, 수비 시프트와의 연계로서, 그는 상대 타자의 타구 방향을 분석하여 수비 시프트를 적극적으로 활용한다. 우타자의 바깥쪽 체인지업 구사로 우측으로 느린 타구를 유도하고, 좌타자의 몸쪽 커터 구사로 당겨치는 타구를 유도 후, 1·2루 사이의 내야진을 배치하는데, 이러한 공간 활용을 통해 내야수의 움직임을 최적화하고, 강한 타구를 허용하더라도 적절한 위치에서 잡아낼 확률을 높인다. 넷째, 마운드에서의 공간 장악력으로, 그는 경기 운영 능력이 뛰어나며, 경기 흐름을 자신에게 유리한 공간으로 만들 줄 아는 투수이다. 속도 조절로, 상대 타자가 리듬을 타지 못하도록 투구 속도를 조절하며, 타자의 반응 속도를 지배한다. 주자의 움직임 통제로, 주자가 나가도 견제와 빠른 투구로 도루 시도를 억제하며, 베이스 간 공간을 효과적으로 관리하여, 메이저리그에서 도루 허용이 적은 이유도, 공간을 미리 장악하는 능력 때문이다. 다섯째, 타자의 심리를 이용한 공간 활용으로, 그는 단순히 물리적 공간(스트라이크존)뿐만 아니라 심리적 공간도 지배한다. 예를 들어, 바깥쪽 공을 던지다가 결정적인 순간 몸쪽에 빠른 공을 던지면, 타자는 예상치 못한 공간에서 공이 들어와 대응하기 어려워진다. 2019년 6월, 워싱턴 내셔널스전에서 맥스 슈어저와 맞붙어 완봉승을 거둘 때도, 스트라이크존의 공간을 완벽하게 지배하며 강타자들을 무력화시켰다.

류현진 선수는 야구의 두뇌(주어진 상황에서 타자가 예측하지 못하는 구질의 공을 투수가 원하는 곳에 투구하는 능력의 구사, 힘의 분배)가 매우 좋은 것으로 알려져 있으며, 컨터롤, 볼 속도의 차이, 같은 위치에 다른 구질의 공을 투구하는 것, 위기관리 능력(주자가 있으면 보다 최선을 다하여 위기를 벗어나는 능력) 등이 매우 좋은 선수로 공간에 대한 이해 및 활용 능력이 매우 높다고 볼 수 있다. 여기에 인성적 요소까지 가미되어 그가 가진 능력이 빛을 발해 조화로움을 갖춘 선수로 스포츠 스타일에 틀림이 없다.

이들을 종합한 결론으로는, 류현진은 파워 피처(강속구 투수)가 아닌 공간을 지배하는 투수이다. 그의 경기 운영 방식은 정확한 제구, 타자의 스윙 공간 조절, 수비와의 연계, 그리고 심리적 공간 활용을 통해 이루어진다. 이러한 특성 덕분에 그는 구속이 아닌 지능과 기술로 공간을 지배하는 대표적인 투수로 평가받는다.

● **에피소드**

류현진 선수는 메이저리그(LA 다저스 시절)와 KBO리그(현재 한화 이글스)에서 수비진의 공간 억제력과 공간 활용 방식이 다르게 작용하는 환경에서 뛰고 있다. 이를 비교 분석해 보자. 다저스 시절에는 수비진이 강해서 타자의 약점을 공략하고, 공을 원하는 공간으로 유도하는 전략을 활용할 수 있었으므로, 바깥쪽 유도 후 시프트 활용, 몸쪽 공으로 유도 타구 생성 등 데이터 기반 공간 활용이 효과적이었지만, 한화 시절에는 수비진이 약해져 같은 공간 활용 전략이 효과를 발휘하기 어려움을 겪고, 시프트를 적극적으로 활용하지 못하고, 실책 가능성을 고려해 탈삼진을 늘리거나 맞더라도 강한 타구를 줄이는 방향으로 전환해야 한다. 결국, 류현진은 다저스 시절보다 더 정교한 제구와 탈삼진 능력을 강조해야 하며, 수비진과의 공간 활용 조화를 재설정해야 하는 상황이다

4 추신수 선수

한국인 타자로는 최희섭에 이어 2번째로 메이저리그에 서게 된 추신수 선수. 2006년 7월 클리블랜드 인디언스로 전격 트레이드됐다.

이후 아시안 게임과 월드 베이스볼 클래식에서 활약하였으며, 동양계 메이저리그 타자 최초의 20-20클럽에 이름을 올렸으며, 그 해 다시 대단한 기록을 올리고, 2013년을 마친 후 FA를 거쳐 1억 3천만 달러에 텍사스에 계약을 했다. 한국의 자랑스러운 스포츠인의 한 사람으로 메이저리그에서도 인정받는 야구 선수가 되었다.

추신수 선수는 공간 창출과 활용이라는 관점에서 볼 때, 매우 다층적인 방식으로 야구를 지배한 선수이다. 그는 단순한 타격 능력을 넘어 출루, 선구안, 주루, 수비까지 포함한 전반적인 경기 운영에서 공간을 활용하는 능력이 뛰어난 선수이다. 이를 다음과 같은 관점에서 분석할 수 있다. 첫째, 선구안과 타석에서의 공간 창출로서, 추신수의 가장 큰 강점 중 하나는 뛰어난 선구안으로, 그는 단순히 타율을 높이기보다는, 볼넷을 유도하여 출루율을 극대화하는 능력이 탁월했다. 상대 투수 입장에서 추신수를 상대할 때 스트라이크존을 적극적으로 공략하기 어렵게 만들며, 결국 불리한 볼카운트에 몰리게 함으로써 원하는 타구를 유도했다. 즉, 자신에게 유리한 공간(스트라이크존 내 특정 지점)에 공이 들어오도록 만드는 능력이 뛰어났다고 볼 수 있다. 메이저리그에서도 출루율이 높은 선수는 상대 배터리가 던질 공간을 제한하도록 만들기 때문에, 추신수는 타석에서 공간을 창출하는 선수였다. 둘째, 장타력과 타구 방향의 다양성으로, 추신수는 밀어치기와 당겨치기를 모두 활용할 줄 아는 타자였다. 좌타자로서 상대 투수들이 바깥쪽 변화구를 던지면 밀어치기로 대응하고, 실투가 들어오면 당겨쳐서 장타로 연결하는 능력이 뛰어났다. 이러한 능력 덕분에 수비 시프트를 자유롭게 활용하기 어렵게 만들었고, 결국 상대 팀이 완벽한 수비 배치를 하기 어렵게 유도했다. 즉, 타격 시 수비의 공간을 깨뜨리는 역할을 했다고 볼 수 있다. 셋째, 주루 플레이에서의 공간 활용으로, 추신수는 단순한 출루형 타자가 아니라, 주루 센스가 뛰어나 공간 활용이 좋은 선수였다. 특히 투수의 움직임을 읽고 도루할 타이밍을 잡는 능력이 있었으며, 출루 후에도 상대 배터리의 실수를 유도하여 한 베이스를 더 가는 플레이를 자주 보였다. 단순히 빠른 속도가 아니라, 공간을 분석하고 활용하는 능력 덕분에 효율적인 주루 플레이가 가능했다. 상대 팀이 추신수를 견제해야 했기 때문에, 투수는 주자 없는 상황보다 더 많은 신경을 써야 하고, 이는 결국 투구 실수로 이어질 가능성을 높이는 효과를 가졌다. 넷째, 수비에서의 공간 지배력으로, 추신수는 강한 어깨를 가진 외야수로 유명했다. 외야에서 타구의 궤적을 읽고 최적의 위치선정을 잡는 능력이 뛰어나며, 상대 주자가 쉽게 추가 진루하지 못하도록 견제하는 역할을 했다. 특히 강력한 송구 능력 덕분에, 주자들은 추신수가 있는 방향으로 공이 날아가면 쉽게 움직이지 못하도록 제한되었다. 즉, 단순히 공을 잡는 것이 아니라, 수비 공간을 통제하는 능력이 뛰어났다. 마지막으로 심리적 공간 압박으로, 상대팀에게 주는 부담으로, 추신수는 한 번 출루하면 상대팀의 전술이 바뀔 정도로 위협적인 선수였다. 주루 시 상대 배터리는 도루 견제에 신경을 써야 했고, 타석에서도 상대 투수는 불필요한 볼넷을 내주지 않기 위해 실투를 던질 가능성이 커지는 효과가 있었다. 즉, 추신수가 경기에 존재하는 것만으로도 상대 팀이 자유롭게 공간을 활용하지 못하도록 만드는 효과를 만들어냈다.

이들을 종합한 결론으로는, 추신수는 단순한 타자가 아니라, 야구에서 공간을 창출하고 제한하는 능력이 뛰어난 선수이며, 일반인에게도 따스한 온기를 불어넣어 주는 선수였다. 타석에서는 선구안과 타격 기술로 자신이 원하는 공간을 유도하고, 주루에서는 상대 배터리의 움직임을 제한하며, 공간 활용 능력으로 추가 진루를 노렸으며,

수비에서는 강한 송구와 위치선정으로 상대 주자의 움직임을 제한한다. 즉, 추신수는 경기 전체에서 공간을 지배하며 상대 팀이 마음대로 플레이할 수 없도록 만드는 능력을 갖춘 선수였다. 그의 스타일은 “공간을 지배하는 자가 스포츠 스타”라는 개념에서 보면, “공간을 창출하고 제어하는 균형 잡힌 플레이어”로 분석될 수 있다.

추신수 선수의 선행은 널리 알려져 있다. 코로나 사태에 마이너 선수들에게 기부한 것, 모교 부산고에 기부, SSG에서 후배 선수들에 대한 기부 등은 우리에게 많은 시사점을 주고, 본받을 인물로도 손색이 없다 할 것이다. 그래서 그를 좋아하는 사람들에게 훈훈한 감정과 아름다움의 공간 또한 만들고 있다고 여겨진다.

5 이승엽 선수

이승엽 선수는 2008 베이징 올림픽 금메달리스트, 한국 프로야구 역사상 최고의 장타자이며 KBO리그 역사상 최고의 슬러거로 꼽힌다. KBO 통산 홈런 467개, 타점 1498점, 득점 1355점, MVP 5회, 골든글로브 10회, 홈런왕 5회 등의 기록을 보유하고 있다.

그는 한국프로야구 역사상 가장 위대한 홈런 타자로 평가받지만, 단순히 힘으로만 승부하는 유형이 아니라 야구에서의 공간 창출을 극대화한 선수였다. 이를 다음과 같은 관점에서 분석할 수 있다. 첫째, 타격 시 공간 창출로, 상대 배터리와의 심리전으로, 야구에서 타자가 만들어 내는 공간은 단순한 물리적 개념이 아니라, 상대 배터리(투수+포수)와의 심리전에서 형성되는 타격 존을 의미한다. 그는 넓은 스트라이크 존을 커버하는 능력과 투수의 패턴을 읽고 자신에게 유리한 공간을 만들어 가는 능력이 탁월했다. 특히 좌타자로서 바깥쪽 공을 당겨치거나 반대로 밀어 치는 능력을 활용해, 상대 투수들이 특정 코스를 쉽게 공략할 수 없게 만들었다. 그 결과 투수들이 정해진 루틴에서 벗어나도록 강요하고, 자신이 원하는 코스로 공을 유도하는 방식으로 공간을 창출했다. 둘째, 홈런 타자의 공간 활용으로, 수비 시프트를 깨는 능력으로, 그는 KBO에서 유례없는 장타력을 보여줬으며, 이는 상대 팀이 특정 수비 시프트(배치)를 사용하게 했다. 하지만 그는 단순히 같은 패턴의 타격을 반복하는 것이 아니라, 필요할 때 밀어 치거나, 번트를 대는 등 변칙적인 플레이를 통해 상대 수비 시프트를 무력화시키는 지능적인 플레이를 선보이기도 했다. 이러한 전략적 타격 덕분에, 상대 팀이 그를 막기 위해 특정 공간을 점유하려고 해도 항상 불완전한 상태가 되도록 유도할 수 있었다. 셋째, 주루 플레이에서의 공간 활용으로, 그는 단순한 거포가 아니라 뛰어난 주루 센스를 갖춘 선수였다. 수비수들의 움직임을 예측하여 2루 도루, 주루 플레이에서 최적의 루트를 선택하는 능력이 돋보였다. 특히 홈런을 칠 수 없는 상황에서도, 적절한 타구 방향과 주루 플레이로 상대 수비가 허점을 보이는 공간을 찾아내 추가 진루를 만들어내는 능력이 있었다. 이는 단순히 힘으로만 야구를 하는 것이 아니라, 공간을 활용하여 득점 기회를 극대화하는 야구를 했다는 것을 의미한다. 넷째, 심리적 공간 지배로, 상대 팀의 배터리를 압박으로, 그가 타석에 들어서는 것만으로도, 상대 배터리는 이미 압박을 받고 공간 활용이 제한되는 효과가 있었다. 투수들은 그에게 장타를 허용하지 않기 위해 스트라이크존을 벗어나는 공을 던지는 경향이 강했으며, 이는 결과적으로 그가 볼넷을 얻어낼 수 있는 공간을 확보하는 효과를 만들어냈다. 반대로, 투수가 스트라이크를 잡으려고 무리하게 공을 던질 때 이를 노려 홈런을 터뜨리는 능력도 탁월했다. 이런 식으로 그가 존재하는 것 자체가 상대 팀에게 공간적인 부담을 주고, 경기 운영에 영향을 미치는 요소가 되었다.

이러한 사실들을 종합하여 본다면, 이승엽은 홈런이라는 결과만이 아니라, 경기 흐름 속에서 공간을 창출하고 활용하는 능력이 뛰어난 선수였다. 투수와의 심리전에서 원하는 코스로 공을 유도하고, 수비 시프트를 무력화하며, 주루 플레이에서도 최적의 공간을 찾아 진루를 극대화했다. 또한, 타석에서 존재하는 것만으로도 상대 팀의 전술적 공간을 제한하는 효과를 가졌다. 즉, 그는 야구에서 공간을 읽고 활용하는 능력이 탁월했던 선수이며, 홈런 타자로서 상대 수비진과 투수들의 공간 배치를 변화시키는 힘을 가진 선수라고 평가할 수 있다. 앞선 원리를 잘 구현하는 것은 타자 자신에게 유리한 공간을 최대한 만들려는 공간 상상력과 공간 창출 능력을 가져다 준다고 볼 수 있다. 이러한 관점에서 그는 야구에서 필요한 공간을 잘 이해하고 만드는 능력이 탁월한 것으로 스포츠 스타임에 틀림이 없다.

6 양준혁 선수

KBO리그 통산 타자 WAR 1위 자리를 지키고 있는 레전드 타자인 양준혁 선수. 개인 통산 2133 경기 출전 [한 시즌 당 133경기]이며 7328타수에 최다안타 2318, 최다홈런 351, 3879루타를 기록하였다. 루와 루 사이의 거리는 27.44m로 그가 그라운드를 뛴 거리 총 10만 6440m는 경부 고속도로 1/4 정도 된다.

양준혁 선수는 KBO리그 역사상 가장 뛰어난 타자 중 한 명으로, 공간 활용과 공간 창출 능력에서 독보적인 모습을 보였다. 그가 보여준 타격과 주루 능력을 공격과 수비 측면으로 구분하여 분석해 보겠다.

공격에서의 공간 활용 및 공간 창출로, 그는 정교한 타격과 뛰어난 선구안을 바탕으로 상대 수비를 무너뜨리는 전략적인 플레이를 펼쳤다. 공간 활용 능력으로, 첫째, 전천후 타격 능력으로, 특정 방향에 국한되지 않고 좌·중·우 전체 필드를 활용하는 능력이 뛰어났다. 상대 투수의 유형과 공의 궤적에 따라 유연하게 타격하며, 수비 시프트를 무력화하는 타격을 구사했다. 특히 장타 생산력이 높아, 외야 깊은 곳까지 타구를 보내 상대 수비수들의 움직임을 강제했다. 둘째, 출루율과 선구안을 활용한 공격적 접근으로, 그는 출루율이 매우 높은 선수로, 볼넷을 잘 골라 상대 투수가 불리한 상황에 몰리도록 유도했다. 상대 수비를 움직이게 만들면서, 타석에서 유리한 볼카운트를 만들고 타구를 원하는 방향으로 보내는 전략을 구사했다. 둘째, 장타력을 통한 공간 확보로서, 홈런과 장타가 많았던 타자로서, 상대 수비수들이 평소보다 더 뒤로 물러서도록 유도했다. 이에 따라 상대 내야진이 깊은 수비를 하게 되며, 내야 안타나 번트 안타를 만들어 낼 가능성이 커졌다.

공간 창출 능력을 살펴보면, 첫째, 좌타자로서의 이점 활용으로, KBO리그에서 좌타자가 상대적으로 유리한 요소(1루로 가는 거리가 짧음, 우완 투수가 많음)를 적극 활용했다. 1루 쪽으로 땅볼을 굴려 내야수를 움직이게 하거나, 밀어 치는 타격으로 좌측 공간을 활용하는 방식으로 상대 수비진을 흔들었다. 둘째, 클러치 상황에서의 공간 창출로서, 득점권 상황에서는 상대 투수와 수비가 집중하는 타이밍을 활용해, 갭(gap, 외야수 사이의 공간)을 노리는 타격을 선보였다. 단순히 강한 타구를 때리는 것이 아니라, 수비 시프트를 깨는 코스 안배를 통해 최적의 공간을 찾아냈다. 셋째, 베이스 러닝을 통한 상대 수비 교란으로, 발이 빠른 선수는 아니었지만, 주루 센스를 활용해 상대 내야 수비수들이 급하게 움직이게 했다. 투수의 투구 템포를 흐트러뜨리는 등의 방식으로 상대의 실수를 유발했다.

수비에서의 공간 활용 및 공간 창출로, 그는 주로 외야수와 1루수를 맡았으며, 공격력에 비해 수비 능력이 뛰어난 선수는 아니었지만, 공간 활용과 창출 측면에서 의미 있는 점이 있다. 공간 활용 능력으로, 첫째, 외야 수비 시 타구 판단 능력으로, 외야 수비 시 뛰어난 반응 속도를 보이지는 않았지만, 타구의 궤적을 읽고 미리 적절한 위치로 이동하는 능력이 있었다. 특히 좌익수로 뛸 때 상대 타자의 타격 패턴을 분석하고, 예상되는 타구 방향에 따라 미리 위치를 조정하는 모습을 보였다. 둘째, 1루 수비에서의 위치선정으로, 1루수로 출전했을 때는 내야수의 송구를 안정적으로 받으며, 공간을 넓게 활용하는 플레이를 보였다. 느린 타구에 대한 대처 능력은 뛰어나지 않았지만, 베이스 주변에서의 움직임을 통해 송구 실책을 줄이는 데 기여했다. 공간 창출 능력으로, 첫째, 외야에서의 안정적인 플레이로 투수 지원으로 외야 수비 시 안정적인 캐칭과 적절한 송구로 상대 주자의 추가 진루를 억제하며, 팀의 수비 공간을 지켜냈다. 빠른 발이 아니었기 때문에 수비 범위를 넓히는 플레이는 부족했지만, 포구 후 송구의 정확도를 높여 내야진이 추가로 움직이는 부담을 줄였다. 둘째, 1루수로서 내야수들에게 넓은 송구 옵션 제공으로 내야수들이 송구할 때 여러 각도에서 송구받을 준비를 하며, 내야수들의 수비 범위를 넓힐 수 있도록 돕는 역할을 수행했다. 특히 병살 플레이 시 포구 후 빠른 송구 연결로 상대 주자의 공간 활용을 방해했다.

결론적으로, 양준혁은 공격적인 공간 활용과 창출 능력이 돋보이는 선수였다. 타격에서는 전천후 타격 능력과 뛰어난 선구안으로 상대 수비를 교란하며, 장타를 통해 수비 공간을 넓히는 역할을 수행했다. 공격 상황에서는 출루 능력과 주루 센스를 활용해 상대의 수비 시프트를 무너뜨렸다. 수비에서는 뛰어난 수비수는 아니었지만, 타구 예측과 적절한 위치선정을 통해 공간 활용을 극대화했다. 특히, 그의 타격 철학과 선구안은 현대 야구에서 공간 활용과 창출의 대표적인 사례로 꼽을 수 있으며, KBO리그에서 가장 영리한 타자 중 한 명으로 평가받는다.

7 김하성 선수

김하성 선수의 공간 활용과 공간 창출 능력은 그가 메이저리그에서 성공적으로 자리 잡은 핵심 요소 중 하나이다. 이를 수비와 공격 측면으로 나누어 분석해 보면 다음과 같다.

수비에서의 공간 활용 및 공간 창출로서, 그는 뛰어난 수비력을 바탕으로 내야 전반에서 넓은 수비 범위를 자랑하며, 팀의 수비 조직력을 강화하는 역할을 수행한다. 공간 활용 능력으로, 첫째, 넓은 수비 범위로, 그는 유격수와 2루수뿐만 아니라 3루수까지 소화할 수 있을 정도로 수비 범위가 넓다. 빠른 반응 속도와 민첩한 풋워크를 통해 어려운 타구도 안정적으로 처리한다. 둘째, 위치선정과 타구 판단 능력으로, 상대 타자의 타격 성향을 분석하고, 적절한 위치를 선점하여 타구를 효율적으로 처리한다. 선행 주자의 움직임을 미리 예측하고, 더블-플레이나 송구 플레이를 준비하는 능력이 뛰어나다. 셋째, 수비 시프트 적응력으로, MLB에서 자주 활용되는 내야 시프트 상황에서도 뛰어난 위치 선정과 순발력을 보여주며, 상대 타자의 빈틈을 효과적으로 막는다.

공간 창출 능력으로는 첫째, 수비 리더십과 팀워크로서, 동료 수비수들과의 원활한 의사소통을 통해 내야 수비 포메이션을 조정한다. 2루수 및 유격수로서 적절한 타이밍에 수비수를 움직이게 하며, 공간을 조정하는 역할을 수행한다. 둘째, 더블 플레이 기여로, 수비 위치를 조정하며 상대 주자를 유도하여 더블 플레이를 쉽게 만들도록 한다. 강한 어깨와 정확한 송구로 병살 플레이를 효과적으로 완성하여 상대의 공격 기회를 차단한다.

공격에서의 공간 활용 및 공간 창출로는 그는 공격에서도 주루-플레이와 타격을 통해 상대 수비의 빈틈을 공략하며, 득점 기회를 만들어내는 능력이 뛰어나다. 공간 활용 능력으로, 첫째, 주루-플레이에서의 영리한 움직임인데, 빠른 속도뿐만 아니라, 상대 수비의 움직임을 분석하여 최적의 주루 루트를 선택한다. 도루뿐만 아니라, 1루에서 3루까지 한 번에 뛰는 '첫걸음 판단력'이 뛰어나며, 상대 수비가 빈틈을 보이면 빠르게 추가 진루를 시도한다. 둘째, 적극적인 번트 활용으로, 내야 수비가 깊게 자리할 경우, 번트를 활용하여 상대 수비를 앞으로 끌어내며 공간을 만들어낸다. 타격 후 상대 내야수의 움직임을 예측하여 타구 방향을 조절하는 능력도 탁월하다. 공간 창출 능력으로, 첫째, 컨택과 선구안으로 주자 기회 창출인데, 그는 출루율이 높은 선수로, 볼넷을 골라내면서 상대 투수에게 많은 공을 던지게 한다. 투수가 스트라이크를 던지도록 유도한 후, 공략-가능한 코스로 타격하며 상대 수비가 움직이도록 만든다. 둘째, 좌우 타구 분배 능력으로, 상대 내야수들의 위치를 파악하고, 우측 또는 좌측 방향으로 공을 밀어 치는 능력이 뛰어나 타격 후 빈 공간을 적극적으로 활용한다. 만능타자(정해진 방향 없이 다양한 곳으로 타구를 보내는 유형)로서 상대 수비의 포메이션을 흔들 수 있다. 셋째, 주루-플레이에서의 수비 교란으로, 베이스에서 리드를 넓게 잡으며 상대 투수와 포수의 견제 플레이를 유도하여 상대 집중력을 분산시킨다. 도루 시 스타트 타이밍을 정확하게 잡아, 수비수들이 미리 움직이게 함으로써 다른 주자에게 공간을 만들어준다.

이들을 종합한 결론은 김하성 선수는 수비와 공격에서 모두 공간을 효과적으로 활용하고 창출하는 선수이다. 수비에서는 넓은 커버 범위와 빠른 반응 속도를 바탕으로 최적의 포지셔닝을 유지하며, 상대 타자의 공격을 효과적으로 차단한다. 공격에서는 선구안과 주루 센스를 활용하여 상대 수비를 흔들고, 공간을 창출하는 움직임을 보인다. 이러한 공간 활용과 창출 능력 덕분에 그는 메이저리그에서 다재다능한 내야수로 활약하고 있으며, 팀에 없어서는 안 될 중요한 역할을 수행하고 있다. 그는 노력파이며 유격수, 2루, 3루에서 수비를 하면서 상대 팀 타자의 안타 공간을 잘 허용하지 않는 그러한 능력을 가지고 있으며 환상적인 수비를 자주 보여 우리들로 하여금 짜릿한 감격의 순간을 맞게 한다. 팀이 필요한 순간에 안타를 생성해 내는 그러한 공간 창출 능력이 매우 높은 선수임과 동시에 상대의 활용 공간을 사전 예측하여 잘 대처하는 공간 이해 능력 또한 높아서 스타로서 자격을 충분히 갖추었다고 보인다.

02

농구

1. 경기규칙

2. 경기장 재원

3. 농구 경기에서 공간 의미 및 공간 창출 능력

4. 개별 선수

02 농구

개별선수

마이클 조던, 스테판 커리, 카이리 어빙, 르브론 제임스,
Tracy McGrady, 서장훈, 현주엽, 김단비

1 | 경기규칙

구기 종목 중 하나로 공을 림에 넣는 것을 득점으로 하여, 1점이라도 더 높은 쪽이 승리하는 경기이다. 한 팀당 5명의 선수가 선발되고 4쿼터로 진행되며, 한 쿼터 당 10분, 총 40분이 경기 규정 시간이다

변종 종목으로 3×3 농구, 하프 코트(Half Court)에서 골대 하나를 놓고 하는 농구도 있다. 일명 길거리 농구라고 부른다.

2 | 경기장 재원

가로 28m, 세로 15m에 상하좌우로 각각 2m씩 더 공간을 주어, 가로 32m, 세로 19m가 된다. 코트의 긴 선을 사이드라인, 짧은 선은 엔드라인이라고 부르며 센터 라인은 사이드라인의 중간에 엔드라인과 평행이 되게 그린다. 센터 서클은 코트 중심에 반지름이 1.8m인 원으로 표시하고, 3점 슛 지역은 엔드라인의 중심으로부터 1,575m 지점을 기준으로 6.25m의 반호를 그려서 표시한다.

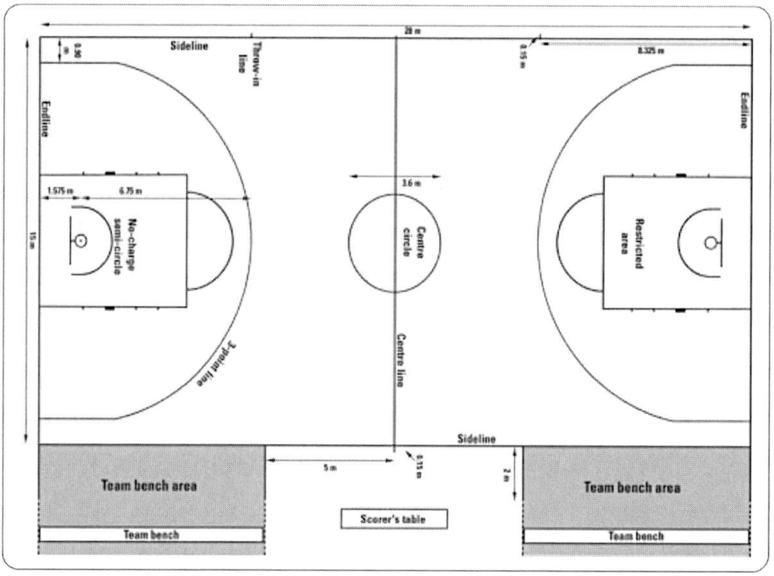

3 | 농구 경기에서 공간 의미 및 공간 창출 능력

● 농구 경기 기록

많은 스포츠가 수학과 관련이 있지만 농구는 특히 더 관련이 깊다. 경기장에는 많은 기록원이 매 순간순간의 기록을 수학적 지표로 기록하고 있다. 득점을 기반으로 승패를 가리는 종목이므로 득점에 관한 수치가 가장 기본을 이룬다. 축구의 경우 득점, 어시스트가 자연수로 딱 떨어지게 측정되지만, 농구의 경우 기록지의 대부분이 %로 기록된다. 야투율이라는 이름의 기록은 던진 슈팅 대비 효율을 나타낸다. 이 야투율은 2점 슛, 3점 슛, 자유투 성공률을 또 구분해서 기록한다. 골대를 기준으로 반원을 그리며 3점 슛 기준거리를 기준으로 선 포함 안쪽은 2점으로 인정, 그 밖은 3점으로 인정한다. 최근 농구는 3점 슛을 기반으로 경기하는 것이 트렌드로 자리 잡았는데, 이에도 수학적인 요소가 많이 작용했다고 생각한다. 미국 프로농구인 NBA를 기준으로 생각해 보자. NBA 팀에서 주-득점원을 담당하는 선수의 기록을 보면 2점 슛 성공률이 50%, 3점 슛 성공률이 38% 정도 된다. 겉보기에는 2점 슛의 효율이 더 높아 보이지만, 기댓값을 계산해보면 한 번의 공격 기회에 2점 슛의 득점 기댓값은 1점이고, 3점 슛의 경우 1.14점 정도가 된다. 현재처럼 데이터를 기반으로 분석하기 전까지는 2점 슛이 주를 이뤘던 것을 생각해보면, 어떤 분야든 수학적인 시선으로 접근하면 더 발전할 수 있지 않을까? 라는 생각이 들게 한다. 이처럼 수학적인 분석이 바탕이 되어 농구의 패러다임까지 바꿨다고 생각한다.

● 농구에서의 공간의 이해, 공간의 창출(T-Mac의 예)

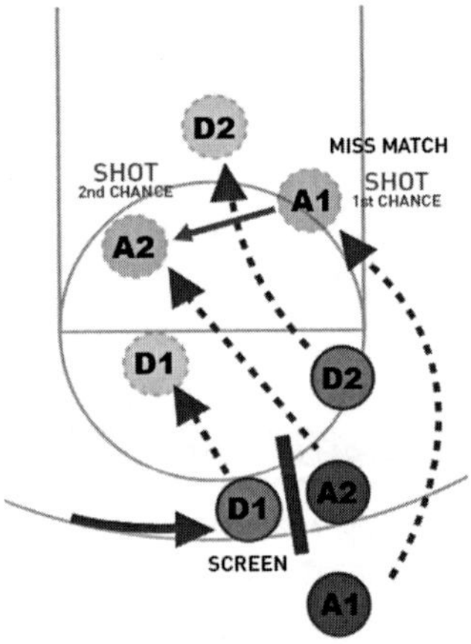

농구는 5명이 하는 구기종목이다. 농구경기를 하는 코트는 생각보다 작다. 5명의 수비수가 있는 상대방 골대에 골을 넣기 위해서는 공격하는 팀 5명의 유기적인 플레이가 있어야 하며 상대를 속이거나 상대가 알아챌 수 없는 공격방법을 만들어야 한다. 예를 들어 T-Mac은 나머지 4명의 팀원이 인정한 득점 방법이다. 그가 골을 넣기 위해서 다른 팀원들은 기꺼이 자신들을 희생하고 T-Mac이 슛을 좀 더 편하고, 안전하게 던질 수 있도록 공간을 마련해주거나, T-Mac의 수비수를 막아준다. 대표적인 방법이 스크린-플레이(Screen Play)다. 대표적인 스크린-플레이인 2대2 공격 패턴을 살펴보겠다.

- A1과 A2가 2대2 공격패턴을 이루는 모습이다. D1과 D2는 수비이다.
- A2가 A1의 수비수 D1을 SCREEN 한다. 그러는 사이 A1은 크게 골대 쪽으로 움직인다. 어쩔 수 없이 A1보다 키가 작거나 몸집이 작은 수비수 D2가 따라가게 되고 (MISS MATCH) 이때 첫 번째 슛 기회가 온다.
- 슛 타이밍을 놓친 경우 A1을 따라 들어온 2에게 패스하여 미쳐 수비를 하러 따라 들어가지 못한 D1과 약간 떨어진 A2에게 여유로운 두 번째 슛 찬스를 만들어 준다.

가장 간단하고 기본적인 패턴으로 슛을 할 수 있는 공간창출 방법을 알아보았다. 이렇게 여러 가지 방법으로 슛을 할 수 있는 공간을 유기적인 플레이로 창출하여 득점을 올린다. 이 때, 첫 번째 기회를 놓쳐 두 번째 기회를 만드는 순간처럼 공을 가지고 있지 않은 공격자도 어느 위치에서 또 다른 슛 기회를 만들 수 있는지를 이해하고 있어야 득점을 올릴 확률이 더 높아진다.

이런 부분에 있어 T-Mac은 슛을 던지고 성공하는 득점능력 그 자체뿐 아니라 공간이해능력도 뛰어났다. 또한 이러한 공간을 만들어 주는 패스능력과 센스도 가지고 있었기 때문에 많은 득점을 할 수 있었고 수많은 결승골을 넣을 수 있었다.

- 농구 슛을 던질 때, 중요한 원리가 숨어 있다. 보통 농구 선수들의 슛은 40°에서 50°정도의 각도로 슛을 던진다. 그 이유는 상식적으로 생각해도 알 수 있다. 둥근 골대는 하늘과 평행하게 세워져 있고, 그 골대에 골을 넣기 위해선 공이 최소한 골대보다는 높이 올라가야한다. 또한 하늘을 향하고 있는 골대로 낮은 각도

로 슛을 던진다면, 강약·좌우 방향을 정확히 조절하지 못하는 한 림의 앞쪽 혹은 뒤쪽을 맞고 튕겨 나올 가능성이 크다. 하지만 높은 각도로 던진다면 림을 맞고 튕겨 나올 가능성이 그만큼 낮아진다. 또한 슛이 짧거나 약간 길어져서 림을 맞더라도 공에 걸린 회전 때문에 멀리 튕기지 않고 림 근처를 맴돌다 들어가는 경우가 많게 된다. 농구선수들의 슛 동작을 보면 슛을 던지고 난 후, 팔이 하늘을 향해 있는 모습을 볼 수 있다. 골대가 앞에 있다고 해서 앞으로 뻗는 것이 아니라 위로 뻗어서 공의 포물선을 최대한 높이 가져가려는 것이다. 슛을 7~80° 각도로 던진다면 좋겠지만, 그렇게 던지면 먼 거리에서 던질 때 공에 힘이 전달되기 힘들어서, 보통 40~50° 각도로 공을 던진다.

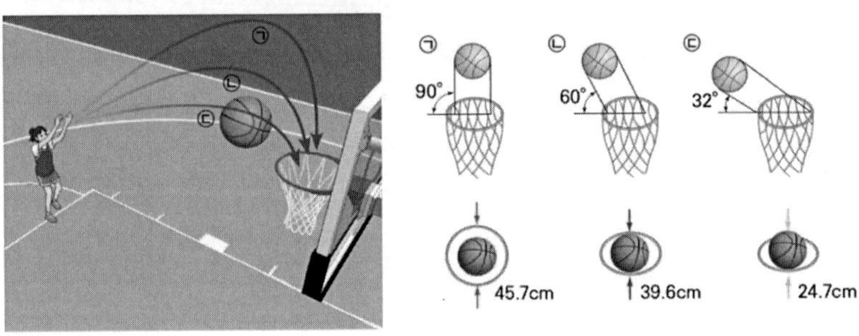

▲ 슛의 각도와 성공률(32° < 60° < 90°)

여기서 또 하나의 원리가 있다. 공에 걸린 회전이다. 슛을 던질 때, 선수들의 손목을 보면 앞으로 완전히 당기는 것을 볼 수 있다. 바로 공에 회전을 주기 위함이다. 회전은 슛이 정확하지 않아 림을 맞았을 때, 공이 멀리 튀지 않고 림 주변을 맴돌다 골대로 빨려 들어갈 가능성을 높여준다. 또한 혹시나 골인되지 않더라도 멀리 튀지 않으므로 우리 팀 동료들이 골대 근처에서 자리 잡아 리바운드의 가능성도 높여준다.

- 공간적으로도 많은 관련이 있다. 제한된 공간에서 양 팀 합쳐 10명이 경기를 치르는 만큼 그 공간을 사용하는 방법도 승부의 향방을 가른다. 코트를 반으로 나눠 진영을 옮겨가며 경기를 하기 때문에 한 진영에 10명의 선수가 다 있으면 가득 찰 수밖에 없다. 이때 스크린이라는 방식으로 공간을 만들어 내 공격 전개를 시도하는 작전은 매우 자주 쓰이는 작전이다. 어떻게든 빈 공간을 만들기 위해 움직이는 스포츠이므로 공간 활용 범위는 매우 넓다고 할 수 있다.

복잡한 수학 말고 단순한 숫자와도 관련이 많다. 마이클 조던의 등번호 23은 아직까지도 모두에게 기억되고 있고, 조던이라는 브랜드가 그 파워를 입증해준다. 또한 샷-클락이라는 공격제한시간 24초가 매-턴의 공격마다 제한되고 경기장에서는 관중들이 시간이 얼마 남지 않았을 때 그 남은 시간을 외치는 것을 들을 수 있다.

4 | 개별 선수

1 마이클 조던 선수

마이클 조던은 1963년 2월 17일 미국 노스캐롤라이나주 윌밍턴 출신으로 손 윗형 래리 조던의 반만큼만 농구를 잘하고 싶어 하며 그의 등번호 45번의 절반인 23번으로 정하게 된다. 왜냐하면 마이클 조던은 어린 시절에 농구에 굉장히 불리한 신체적 조건인 키가 작고 마른 체형이었기 때문이었다. 그래서 그는 어쩔 수 없이 키가 작아도 그나마 신체적 조건의 불리함이 적은 '가드'라는 포지션을 선택하여 엄청난 연습을 하였다. 신체적 조건의 불리함으로 인해 고교농구팀 선발에도 탈락한 마이클 조던은 피나는 노력 끝에 졸업할 당시 지역 최고의 고교농구 선수가 되었다. 그리고 그는 고교시절부터 폭풍처럼 성장해 198cm라는 키에 98kg이라는 좋은 밸런스를 가진 신체적 조건을 완성하고 엄청난 탄력으로 다른 가드들과는 다른 특별한 장점까지 얻게 되었다.

마이클 조던의 기록은 다음과 같다. NBA 우승 6회, NBA Finals MVP 6회(1991~1998), NBA Season MVP 5회, NBA 득점왕 10회(1987~1998), NBA 역사상 유일한 7년연속 득점왕, NBA All-Star MVP 3회(1988, 1996, 1998), NBA Slam Dunk 챔피언 2회(1987, 1988), 올림픽 금메달 2회(1984 LA, 1992 바르셀로나), NCAA 미국 대학 농구 최우수선수(1983), NBA 최우수 신인상(1985) 등을 수상한 것으로 알려져 있다.

이렇게 메리트를 얻은 조던은 NBA에 프로팀 시카고 불즈에 입단해 엄청난 득점력을 보이게 된다. 키가 작아 피나는 중거리 슛 연습을 해오던 조던이 성장하고 탄력도 좋아지게 되면서 돌파력도 높아졌기 때문이다. 특히 그가 사용하는 '잽 스텝'은 수비수에게 많은 혼란을 준다. 조던이 공을 잡아 한발을 앞으로 내디뎌서 돌파할 공간을 확보하면 수비수는 어쩔 수 없이 뒤로 한발짝 물러서 그의 돌파를 막아야 한다. 하지만 마이클 조던의 중거리 슛 확률은 경기당 70%넘는 엄청난 확률이기 때문에 뒤로 물러서면 마이클 조던이 중거리 슛을 쏘게 된다. 수비수는 이러지도 저러지도 못하고 그를 막아야 한다. 공을 받자마자 마이클 조던은 이 잽스탭으로 수비수에게 심리전을 걸며 자신의 공간을 확보하고 팀의 다른 선수에게 패스해줄 길도 열 수 있다. 보통 키가 큰 선수들은 돌파력만을 기르는데 키가 작았던 마이클 조던이 중거리 슛을 많이 연습해놨었기 때문에 이러한 공간 확보가 가능한 것이다. 이러한 그의 득점력에 그의 무한한 연습량이 있었음은 의심할 여지가 없다. 그의 연습량과 관련된 에피소드가 하나 있다.

1993년 바클리와 피닉스 선즈에 대항해 싸우던 날, 방송인 닉 핀토는 테이프를 전달하려고 이른 오후에 시카고 스타디움을 찾았다. 그런데 경기가 시작되려면 아직 몇 시간이나 남았는데도 코트에 마이클 조던이 나와 있었다.

"종일 나와서 자유투 연습을 하고 있어요." -경비원의 말이었다.

이처럼 마이클은 최고의 선수이면서도 그 날 경기 전 오전부터 나와서 하루 종일 자유투 연습을 하며 슛 감을 기르는 치열한 연습량을 가진 선수이다. 또 그의 가드로서의 메리트인 큰 키와 공간 확보 능력 외에도 승부욕, 집중력, 정신력, 동료애 등도 그의 능력치를 더욱 상승시켜 준다. 몇 개의 에피소드들을 소개해보겠다.

첫째, 정신력의 예로, 필 잭슨(전 시카고불스 감독)의 말이다. "하루는 마이클이 허리경련이 심해서 버스를 타고 갈 수가 없을 지경이었어요. 하지만 그 날 밤도 그는 40점을 득점했죠. 언제나 그랬던 것처럼"

둘째, 승부욕의 예로, 말년의 조던은 단지 점프슈터에 지나지 않는다고 조지칼 감독이 혹평을 하자, 조던은 점프슛만으로 48득점을 폭발시켰다.

셋째, 집중력으로, - 폴 프레시(전 NBA 가드)의 말을 인용하자면, "마이클 조던과 경기할 때에는 잠시도 수비를 소홀히 할 수 없어요. 계속해서 공격을 퍼붓고 항상 날쌔게 몸을 움직이는 마이클은 정말 지독해서 선수들이 단 1초도 느긋할 수 없었어요. 그가 벤치에 나가 있을 때에도 마찬가지에요. 그는 다른 선수들의 움직임을 눈 여겨 보았다가 경기할 때 반드시 그걸 활용해 상대를 더 강하게 몰아붙이거든요."

넷째, 동료애로 몬티 윌리암스의 말이다. "내가 샌안토니오 스퍼스

팀에서 불스와 경기를 펼치고 있을 때 점프를 했다가 론 하퍼 위를 깔고 뭉갠 적이 있었다. 나를 막을 수 없었던 하퍼는 몹시 화가 나서 나에게 달려들었다. 나도 질세라 그에게 맞섰다. 나중에 코트 저쪽 끝에 있던 조던이 내 곁을 스쳐 지나가면서 내 복부를 정면으로 강타했다. 정말 나를 때린 것이다. 그의 이글거리는 눈빛은 사실상 이렇게 말하고 있었다." "나의 팀 동료를 못살게 굴지 마. 만약 그런 날에는 나를 상대하게 될 거야."

이처럼 그는 스포츠 경기에 필요한 정신력, 집중력, 승부욕, 동료애 등을 모두 지니고 엄청난 연습량을 소화해내는 천재이면서도 자신의 천재성을 좀 더 향상시키고자 하는 보기 드문 자질을 지닌 선수였다.

한편 그가 지닌 화폐적 가치는 수치로 환산해보자면 거의 무한대에 가깝다. 다음 일화가 그의 화폐적 가치를 말해준다. 두 가지 예를 들어보자. 첫째, 조던이 복귀발표 후, 월스트리트의 CNN 기자의 말이다. "조던이 CF 모델로 활동했던 나이키, 맥도널드, 게토레이의 주식값이 20% 이상 올랐습니다. 지금도 계속해서 투자자들의 매수가 계속 이어지고 있습니다."

둘째, 조던의 은퇴소식이 전해진 후, 월스트리트의 CNN 기자의 말이다. " 나이키, 맥도널드, 게토레이의 주식이 30% 이상 폭락했습니다."

위와 같은 사실들을 종합해 볼 때, 마이클 조던은 가드로서 공간을 창출하고, 상상한 공간을 자기 것으로 만들기 위한 노력 및 수많은 시도, 그리고 실재 경기에서 공간을 활용하는 능력들로 보아 공구 코트의 지배자로서 농구황제라는 별명이 무색할만큼 위대한 스포츠 스타이다. 우리로 하여금 한 명의 스타가 탄생하기까지 많은 생각과 더불어 탄성을 자아내고 행복감마저 들게 하는 그런 공감도 함께 한 경우이다.

2 스테판 커리 선수

스테판 커리는 미국 프로 농구 골든스테이트 워리어스의 선수이다. 어렸을 때부터 뛰어난 슈팅 능력으로 주목받았으나 빈약한 신체 조건 때문에 유명한 대학의 오퍼를 받지 못했고, 무명의 데이비슨 대학에 진학하게 된다. 커리는 데이비슨 대학의 득점 관련 대부분의 기록을 갈아치우며 전미 최고의 득점력을 갖춘 선수로 인정받게 된다. 뛰어난 슈터로 인정받았지만, NBA에는 피지컬에 적응하지 못해 실패하는 선수들이 많았기 때문에 결국 09년도 1라운드 7픽의 순위로 골든 스테이트에 지명을 받는다.

하지만 2013시즌의 뛰어난 활약으로 명실상부 슈퍼스타의 대열에 합류했으며, 이후 2014 올스타 서부 백코트 득표 1위로 커리어 첫 올스타전에 출장 및 NBA 세컨드 팀에 입성하면서 그의 이름을 널리 알리게 된다. 이후 14-15시즌을 시작으로 진정으로 스테판 커리의 시대가 열리게 된다. 2연속 백투백 MVP를 비롯하여 17-18시즌까지 3번의 우승과 1번의 준우승 그리고 73승 9패라는 정규시즌 역대 최다승 1위를 기록하는 등 농구 팬들 사이에서는 '우리는 이미 커리의 시대에 살고 있다'라는 말이 오가고 있을 정도로 현시대 최고의 NBA 스타가 되었다.

스테판 커리는 NBA 역대 최고의 3점 슈터이다. 상대방 수비수의 타이밍을 뺏는 빠른 슛 동작과 먼 거리에서 던져도 정확하게 들어가는 3점 슛에는 그의 수학적 능력이 숨겨져 있다. 첫 번째, 빠른 상황판단이다. 스테판 커리는 상대방 진영으로 들어가 드리블을 멈추고, 림을 향해 슛을 할 때까지 단 0.33초밖에 걸리지 않는다. 시속 10마일 이상의 속도로 드리블해 0.3초 만에 발을 멈추고 하는 점프 슛은 체력을 아껴 효율적으로 슛을 반복하는 걸 가능하게 한다.

두 번째, 팔꿈치와 공까지의 각도인 5도이다. 커리의 신장은 188cm로 다른 NBA 선수들에 비하면 작은 편이다. 그는 작은 신장을 보완하기 위해 슛 자세를 눈앞까지 가지고 온다.

세 번째, 공이 그리는 궤적의 각도이다. 커리는 NBA 선수 평균인 45도보다 큰 50~55도 사이에 슛을 넣는다. 이 슛의 각도에는 특별한 의미가 있다. 슛을 던지는 각도와 성공률의 관계를 비교해 본 결과, 커리의 슛은 다른 선수에 비해 공이 그리는 궤적이 더 높고 길었다. 일반적인 슛 동작에서 공의 궤적을 보면 최고점의 높이가

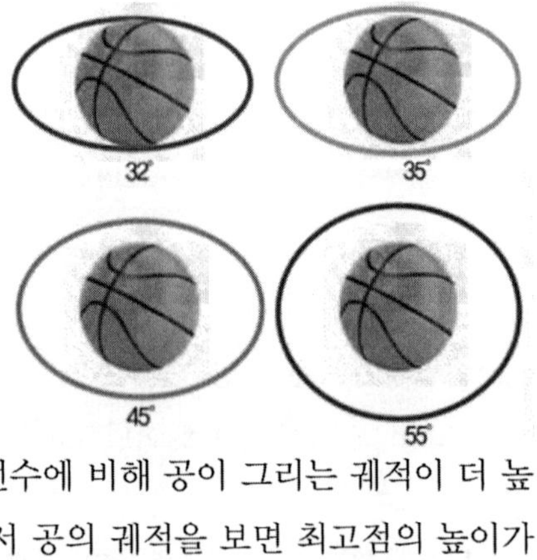

평균 4m 80cm이다. 하지만 커리는 4m 95cm로 약 15cm 더 높았으며, 그만큼 림으로 들어갈 성공률도 19% 증가하게 된다.

그 이유는 림을 향해 던진 공이 수직으로 떨어질 때 림 안으로 들어갈 수 있는 공간이 가장 넓기 때문이다. 지름 45.72cm인 림에 지름 24.64cm의 농구공이 들어갈 수 있는 최소 각도는 32°이다. 이 각도가 클수록 공이 들어갈 수 있는 여유 공간이 넓어지기 때문에 궤적의 높이가 높을수록 슛 성공률이 그만큼 높아지는 것이다. 다음 그림은 공이 그리는 궤적의 각도와 슛 성공률을 표현한 것이므로 참고하면 좋을 듯하다.

공을 잡은 후 0.3초 만에 슛을 던지는 빠른 상황판단, 신장의 단점을 극복하기 위한 팔꿈치와 공까지의 각도 5도, 공이 그리는 50~55도 사이의 포물선. 경기에서 커리는 이러한 수학적 능력을 사용해 3점 슛을 성공시켜왔고, 이는 그를 NBA 역대 최고의 3점 슈터로 만들었다.

2015-16시즌 스테판 커리의 3점 슛 성공률은 45.4%이다. 성공률만 놓고 보아도 그의 기록은 압도적이지만, 가장 놀라운 점은 표본 수에 있어서 비교 대상이 없기 때문이다. 2016시즌 매 경기 3점 슛을 시도하는 횟수는 총 437개, 그 중에서 196개를 성공시키고 있었고 이런 시도 횟수에 근접한 선수는 아예 없었다. 당시 3점 슛 성공률 1위인 J. 레딕은 206개를 시도해서 103개를 성공시키고 있는 수준이었다. 하지만 커리는 300개가 넘는 3점 슛 시도를 하며 45.4%이라는 높은 성공률을 보였다.

스테판 커리는 NBA 역사상 가장 뛰어난 슈터 중 한 명으로, 그의 공간 지배력은 현대 농구의 패러다임을 바꿨다고 평가받는다. 커리의 공간 지배력은 크게 슈팅 범위 확장, 오프볼 움직임, 볼 핸들링과 플레이 만들기, 그리고 수비를 교란하는 영향력으로 나누어 분석할 수 있다.

슈팅 범위 확장으로, 커리는 3점 슛 성공률이 높을 뿐만 아니라 슈팅 거리를 극단적으로 확장한 선수이다. 전통적인 3점 라인 근처뿐만 아니라, 하프 코트 가까이에서 던지는 슛까지도 높은 성공률을 보인다. 이는 상대 수비가 3점 라인 훨씬 바깥까지 따라 나오게 만들면서 코트의 공간을 넓히는 효과를 준다. 커리의 존재만으로도 상대 수비는 페인트존을 보호하는 것보다 바깥쪽을 신경 써야 하므로, 팀 동료들에게 더 많은 공간이 생긴다.

끊임없이 공간을 창출하는 움직임으로, 커리는 공을 가지고 있을 때뿐만 아니라 오프볼 상태에서도 가장 위협적인 선수 중 한 명이다. 스크린을 활용한 움직임이 매우 정교하며, 이를 통해 자신을 위한 공간을 만들거나 동료에게 기회를 제공한다. 예를 들어, “커리 효과”라는 개념이 있는데, 이는 그가 공을 가지고 있지 않아도 상대 수비수들이 그를 계속 따라다니게 만드는 현상을 의미한다. 이에 따라 상대 수비가 끌려가면서, 동료 선수들이 쉬운 슛 기회를 얻게 된다.

볼 핸들링과 플레이 만들기로 공간 활용의 극대화를 꾀하며, 커리는 뛰어난 드리블 능력을 바탕으로 좁은 공간에서도 탈압박이 가능하다. 순간적인 방향 전환과 빠른 슛 릴리즈를 결합하여, 작은 틈만 있어도 슛을 던질 수 있다. 픽앤롤에서 상대 수비가 페인트존에서 기다리는 수비 전술을 하면, 그 공간을 활용해 3점 슛을 던지고, 올라오면 돌파를 시도하는 등 수비의 선택지를 제한한다. 더불어, 동료들에게도 정확한 패스를 배급하며, 공간을 최대로 활용하는 플레이 만들기를 한다.

수비를 교란하는 영향력으로 상대 수비의 구조를 무너뜨린다. 커리의 가장 큰 장점 중 하나는 수비수들을 끊임없이 움직이게 만들어 수비의 균형을 무너뜨리는 능력이다. 수비수 두세 명이 커리를 막기 위해 몰려들면, 골든스테이트 워리어스의 패스 게임이 살아나며 오픈 찬스가 많이 발생한다. 예를 들어, 커리가 탑에서 3점 슛을 던지는 것처럼 보이면, 상대팀이 강하게 압박하거나 더블팀을 시도하게 된다. 하지만 커리는 순간적으로 패스를 빼주며, 팀 전체의 공간 활용도를 극대화한다.

결론적으로 스테판 커리는 단순히 슛이 좋은 선수를 넘어, 코트 전체를 넓히고, 수비를 무너뜨리며, 공간을 창출하는 능력을 갖춘 선수이다. 그의 슈팅 레인지 확장은 기존의 농구 개념을 변화시켰고, 오프볼 움직임과 핸들링을 통해 수비를 계속해서 흔들며, 수비의 집중을 유도하여 팀원들에게 더 많은 공간을 만들어 준다. 결과적으로, 커리는 단순한 3점 슈터가 아니라 "공간을 창조하고 지배하는 선수"라고 볼 수 있다

3 카이리 어빙 선수

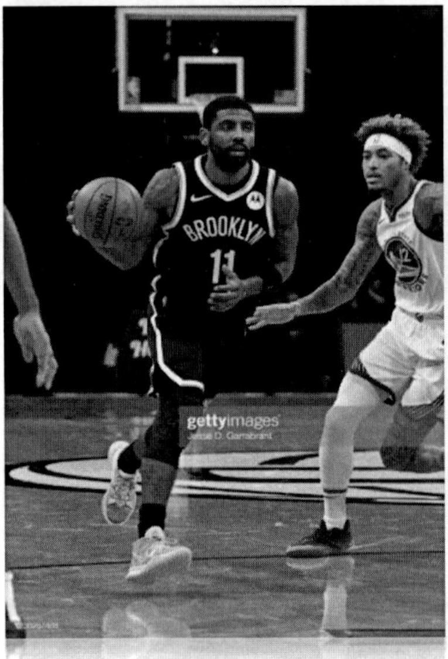

카이리 어빙은 데뷔 첫 시즌부터 18.5 득점, 5.4 어시스트, 46.9% 야투를 기록하며 신인왕을 차지했다. 그리고 2014년 올스타전에서 31득점 14어시스트를 기록해 MVP에 선정되었고 2014 FIBA 농구 월드컵 스페인 미국 대표 팀으로 참가하여 우승까지 순항하면서 대회 MVP를 차지했다.

카이리 어빙의 능력적 측면에 대해 살펴보자. 그는 여러 기술 중에서도 볼 핸들링 기술이 가장 수준급이다. 드리블을 할 때 자세가 낮아지면서 시야가 좁아져 리딩 능력이 조금 떨어지기는 하지만, 낮고 빠른 드리블을 통해 수비수를 흔들며 슈팅을 가져가기도 하고 드리블의 방향 전환이 매우 다채롭고 변칙적인 덕분에 그가 확보할 수 있는 공간적 범위가 확대되어 상대 선수가 그의 공을 가로채지 못하게 하는 동시에 멋진 슛을 넣을 수 있다. 미드레인지 구간에서 스핀 무브와 수비수를 떨쳐 버리기 위하여 속도를 올렸다 내렸다 하며 달림으로써 상대를 농락할 수 있는 체인지 오브 페이스를 섞어 어떻게든 틈을 파고드는 기술도 그의 특기이다. 오른손, 왼손 가리지 않고 사용하기 때문에 안전한 슛 공간을 확보하기 위해 공이 없는 반대편 손을 사용하여 상대의 견제를 막아주며 자신만의 영역을 구축하는 노련미도 있다. 또한 일반적으로 골대로부터 45° 각도인 지점에서 공이 포물선을 그리며 가장 멀리 날아가는데, 어빙은 상대적으로 더 고각으로 슛을 넣어 공을 더욱 높게 쏘아 올려 공을 안정적으로 넣을 수 있다. 즉, 어떤 자세에서도 무너지지 않는 균형감각과 풋워크, 유연성과 민첩성, 그리고 이 기술들을 실행하는 데 필요한 뛰어난 판단력을 가진 선수다.

4 르브론 제임스 선수

최고 농구 스타들이 모인 NBA 리그에서 킹이라고 불리며 리그를 지배하는 르브론 제임스. 르브론 제임스 선수는 현재 리그 최고의 스몰 포워드 자원으로 불리고 있으며 2018 MBLM BFF 마케팅 연구 통계에서 미국에서 가장 사랑받는 유명인 6위로 등재될 만큼 많은 팬들도 보유하고 있다. 르브론 제임스가 이렇게 성장할 수 있었던 이유는 그의 압도적인 피지컬과, 패싱 센스, 적절한 시기 등이 있다.

농구에서 말하는 피지컬(p)은 선수의 신장+몸무게+스피드+감각+점프력의 합으로 구할 수 있다. 르브론 선수는 신장 206㎝에 116kg이라는 파워 포워드 포지션을 보는 선수들의 피지컬을 갖고 있다. 하지만 르브론은 빠른 스피드와 점프력 그리고 메이드 능력도 갖추고 있기 때문에 상대적으로 키가 작고 힘이 약한 가드 포지션과 스몰포워드 포지션에서 우위를 점할 수 있어 르브론의 피지컬이 높게 평가

되고 있다. 또 이러한 큰 신장과 무거운 몸무게를 가지고 있는 선수들은 항상 부상의 위험이 높은데, 르브론 제임스는 철인이라고 표현할 만큼 신체에 강한 내구성을 가지고 있으며 평균 출전 시간도 41분에 달하고 있다.

다음은 패싱 센스이다. 패싱 센스(S)=경험+시야+상황 판단 으로 구할 수 있다. 패싱 센스에서 가장 중요한 부분은 경험과 코트를 바라보는 시야, 상황 판단 능력이다. 먼저 르브론 제임스는 NBA에서 현역으로 뛰고 있는 선수들 중에 최고참에 속할 정도로 많은 NBA 경험을 쌓았다. 또 르브론 제임스의 코트 시야와 상황 판단 능력은 '통산 어시스트 현역 2위, 역대 12위'에 수상이 증명해줄 만큼 압도적인 능력을 갖추고 있다.

다음은 적절한 시기이다. 적절한 시기라고 표현한 이유는 바로 현재 NBA의 전설이라고 불리는 마이클 조던이 은퇴한 이후이기 때문일 것이다. 마이클 조던이 은퇴한 이후 사람들은 새로운 임팩트를 줄 슈퍼스타를 원했고 르브론은 이러한 사람들의 갈증을 채워줄 실력과 스타성을 가지고 있었기 때문에 이와 같이 현재 NBA를 대표하는 선수가 될 수 있지 않았을까 라고 생각된다.

이러한 르브론 제임스의 장점이 있는 반면, 단점 역시 분명히 존재한다. 르브론 제임스의 가장 큰 단점이라고 생각하는 것은 바로 볼 소유 시간이다. 다른 선수에 비해 볼을 오래 소유해서 팀 선수의 부담이 되거나 슛을 쏠 시간의 확보가 부족한 경우가 가끔 발생하지만, 지속적인 훈련과 소통으로 극복하려고 노력 중이다.

르브론 제임스 선수는 위에 설명한 것과 같이 농구에서 요구하는 공간을 잘 이해하고 창출하며 공간을 지배하고 있는 것으로 여겨지는 좋은 기록으로 볼 때 농구 스포츠 스타이다.

5 Tracy McGrady 선수

Tracy McGrady 선수는 미국 프로농구(NBA)를 대표했던 슈팅가드다. 2003년과 2004년에 득점왕을 차지했으며 디트로이트 피스톤즈 소속 선수였다. 2003년부터 2008년까지 휴스턴 로켓츠 소속으로 팀의 중부지구 우승을 2번이나 이끌었던 캡틴이며, 이때가 그의 전성기였다. LA 레이커즈의 코비 브라이언트, 뉴저지 넷츠의 빈스카터와 함께 마이클 조던의 은퇴 후 NBA의 대표적인 판타지 스타였다.

가장 극적인 기록으로는 T-Mac Time이라 일컬어지는 35초 동안 13득점을 한 경기이다. 이를 구체적으로 살펴보면, NBA 04-05시즌, 2004년 12월 9일에 휴스턴의 홈에서 열린 샌안토니오 스퍼스와의 경기에서 맥그레디는 35초를 남기고 76대 68, 8점차로 뒤지고 있던 게임을 81대 80으로 뒤집는다. 상대 팀이 반칙 작전에 의한 자유투로 4점을 넣을 동안 혼자서 13득점을 올리며 경기 후 언론으로부터 기적을 만들었다는 찬사(T-Mac Performs The Miracle, It's T-Mac Time!)를 듣게 된다. 이 경기는 그가 왜 득점기계이며, 팀의 캡틴인지를 스스로 증명한 전설적인 경기이다. 농구에서의 35초 동안 13득점은 축구에서 90분까지 4대0으로 지고 있다가 90분에 교체 투입된 선수가 인저리 타임동안 5골을 넣어 5대4로 역전승한 것과 맘먹는 것이다. T-Mac은 트레이시 맥그레디의 별명이다. 그는 04-05시즌 득점왕이 되는 동안 가장 많은 결승골을 성공시킨 선수이기도 했다. 이렇게 많은 결승골을 넣을 수 있었던 이유는 그의 개인적 능력도 고려되어야 하지만 나머지 4명의 팀 동료들이 그가 슛을 편하고 쉽게 던질 수 있도록 그만의 공간을 만들어 주었기 때문이다.

그만의 농구 공간을 만들어 내어 T-Mac이라는 자기 이름을 딸만큼 공간 지배력을 소유하고 있어서 이러한 공간 지배자로서 우뚝 선 Tracy McGrady는 분명 스포츠 스타이다.

6 서장훈 선수

대한민국 농구계를 대표하는 국보급 센터이자 대한민국 농구 역사에 손꼽히는 선수인 서장훈 선수. 서장훈 선수의 키는 207cm이고 몸무게는 현재 110kg이다. 서장훈 선수는 프로농구 국내 선수 중 최장신, 최중량으로 그 당시 몸무게는 117kg이었다. 이는 체격이 많은 영향을 주는 농구에서 큰 장점으로 작용할 수 있다.

서장훈 선수는 정규경기에서 누적 5,235회의 리바운드를 했다. 리바운드는 슛이 빗나가 바스켓에 맞고 튕겨 나온 볼을 다시 잡는 것이다. 리바운드를 많이 할수록 공격권을 더 많이 가지게 되고 경기를 잘 풀어나갈 수 있다. 이를 통해 서장훈의 팀이 많은 공격 기회를 얻어서 게임을 유리하게 했다고 추측할 수 있다. 서장훈 선수는 속도도 빠르고 어느 정도의 볼 핸들링과 패스 능력까지 겸비하고 있었다. 서장훈의 가장 큰 장점은 중장거리 슛이 매우 정확하다는 점이다. '리바운드를 잡고 슈팅도 골대 근처 근거리에서의 슛을 하는 포지션이 센터다.'라는 고정관념을 완전히 뒤엎은 선수가 바로 서장훈이였다. 서장훈은 리바운드와 골 밑 장악이라는 센터 본연의 의무를 충실히 함은 물론 중장거리 슛을 자유롭게 넣었고 그로 인해 상대 수비가 붙으면 비어 있는 같은 팀 선수를 활용하는 능력까지 아주 좋았다.

그의 공간 활용 및 창출 능력을 공격과 수비 두 가지 측면에서 분석해 보면 다음과 같다.

첫째, 공격에서의 공간 활용 및 창출 능력을 살펴보자. 서장훈은 단순한 골 밑 플레이어가 아니라 다양한 공격 옵션을 활용하여 공간을 만들고 이용하는 능력이 뛰어난 선수였다. 포스트업에서의 공간 활용 측면으로서, 키 207cm, 힘과 체격을 활용하여 상대 수비수를 밀어내며 유리한 포스트업 공간을 확보했다. 특히 페인트존에서 적절한 각도를 만들고, 최적의 타이밍에 슛을 시도하는 능력이 탁월했다.

몸을 활용해 상대 수비를 버티면서 턴어라운드 점퍼나 훅슛 등을 효과적으로 사용했다. 미드레인지 게임과 공간 창출 측면으로서는, 그는 중거리 슛이 매우 정확한 빅맨으로, 골 밑뿐만 아니라 미드레인지에서 공격을 전개할 수 있었다. 상대 센터가 그의 미드레인지 슛을 막기 위해 페인트존을 벗어나게 되면, 팀원들이 골 밑을 더 쉽게 침투할 수 있는 공간이 생겼다. 픽 앤 팝 전술을 통해 상대 빅 맨을 골 밑에서 끌어낸 후, 자신이 슛을 던지거나 팀원에게 공간을 만들어주는 역할을 했다.

패스 능력을 활용한 공간 창출 측면에서는 단순한 득점원이 아니라, 더블팀이 들어오면 적절한 패스를 통해 빈 공간에 있는 동료를 찾아주는 능력도 뛰어났다. 포스트에서 공을 잡은 후 하이로우 게임을 통해 컷-인하는 동료에게 패스를 연결하며 득점 기회를 만들어냈다.

둘째, 수비에서의 공간 활용 및 창출 능력을 살펴보자. 그는 단순한 블로킹 능력보다는 위치 선정과 공간 활용 능력을 통해 수비력을 극대화하는 유형의 선수였다. 리바운드 시 공간 활용 관점으로는, 한국 농구 역사상 최다 리바운드 기록을 보유할 정도로, 리바운드 시 공간을 확보하는 능력이 뛰어났다. 단순히 높이만으로 리바운드를 잡는 것이 아니라, 박스아웃(Box Out) 기술을 활용하여 상대를 밀어내고 유리한 위치를 선점했다. 상대 슛이 날아올 때 볼의 궤적을 예측하고 먼저 공간을 차지하는 능력이 뛰어났다.

도움 방어와 공간 커버 능력으로, 상대 빅맨이 골밑에서 공격을 시도할 때, 적극적인 도움 방어를 통해 공간을 좁히는 역할을 했다. 단순히 블로킹을 노리는 것이 아니라, 적기에 위치를 잡아 공격자를 압박하는 능력이 돋보였다. 페인트존 수비와 공간 차단 관점으로는, 상대가 골밑을 공략하려고 할 때, 몸을 이용해 공격 동선을 차단하며 공간을 좁히는 능력이 뛰어났다. 상대의 드라이브 인을 미리 예상하고, 적절한 위치선정을 통해 자칭(저지) 반칙을 유도하는 장면도 많았다.

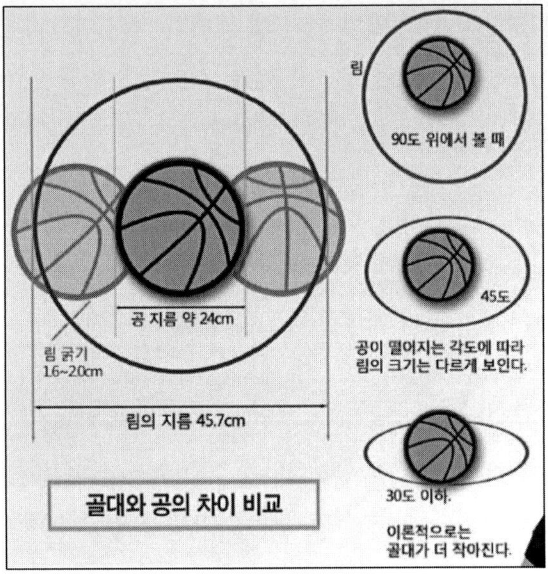

이러한 공격과 수비 측면의 그의 공간 관련 능력의 결론으로, 서장훈 선수는 공격에서는 미드레인지 슛과 포스트업을 활용한 공간 창출 능력이 뛰어났고, 수비에서는 리바운드와 위치 선정으로 공간을 활용하는 능력이 탁월한 선수였다. 그의 플레이-스타일은 단순한 골 밑 센터가 아닌, 현대적인 스트레치-빅맨의 개념을 선구적으로 실현한 사례라고 볼 수 있다. 즉, 그는 당시 농기 경기에 필요한 공간 창출 및 지배하는 능력이 높으며 그리하여 그는 명실공히 한국 농구계의 최정상 스포츠 스타라고 해도 무방할 것이다.

7 현주협 선수

현주엽 선수는 원래 센터 출신이었는데 프로로 오면서 외국 용병들에게 센터 자리를 내주고 올라운드 플레이어로 변신하게 된다. 그는 한국 농구 역사상 손꼽히는 포워드로, 공간 활용 및 창출 능력이 뛰어났던 선수였다. 그의 플레이-스타일을 공격과 수비 측면으로 나누어 분석해 보자.

공격에서의 공간 활용 및 창출로, 공간 활용 능력으로는, 첫째, 강력한 돌파 및 포스트업 플레이로서, 현주엽은 힘과 균형감각이 뛰어난 피지컬을 활용하여 상대 수비수를 밀어붙이며 돌파를 시도했다. 포스트업 상황에서는 적절한 위치를 선점하여 공간을 확보한 후, 힘과 기술을 활용해 득점을 노렸다. 상대보다 한 발 앞서 유리한 위치를 차지함으로써 효율적으로 공간을 활용하는 능력이 뛰어났다. 둘째,

넓은 시야와 패스 능력으로, 현주엽은 단순한 득점원이 아니라, 코트를 넓게 활용하는 패스 능력도 탁월했다. 돌파 후 도움 수비가 붙으면, 빈 공간에 있는 동료에게 정확한 패스를 연결하여 오픈 찬스를 만들어 주었다. 이는 단순히 본인의 공간 활용을 넘어, 팀 전체의 공간을 효과적으로 활용하게 만드는 요소였다. 셋째, 미드레인지 슛과 페이스업 게임을 하여, 현주엽은 돌파뿐만 아니라 미드레인지 점퍼도 강력한 무기였다. 상대와 마주 본 상태에서 드리블 후 공간을 만들어 점퍼를 던지는 능력이 좋았으며, 이를 통해 상대 수비가 더 넓게 퍼지도록 만들었다. 이는 공격 공간을 확장시키는 효과를 가져왔다.

공간 창출 능력을 살펴보면, 첫째, 몸싸움을 활용한 공간 확보로, 단순한 돌파가 아니라, 상대의 중심을 무너뜨리는 방식으로 공간을 창출했다. 페인트존 근처에서 상대를 한 쪽 방향으로 움직이게 유도한 후, 반대 방향으로 움직이며 공간을 만들어냈다. 덕분에 더블팀을 당해도 적기에 패스하거나, 직접 득점으로 연결하는 플레이가 많았다. 둘째, 볼 핸들링을 통한 공간 창출로서, 포워드임에도 불구하고 볼 핸들링이 뛰어나, 1대1 돌파 시 상대 수비수를 쉽게 제치며 공간을 만들었다. 단순한 힘을 이용한 돌파뿐만 아니라, 방향 전환을 섞어 공간을 만드는 플레이가 많았다. 셋째, 속공에서의 공간 활용으로, 리바운드를 잡은 후 빠르게 코트를 전개하며, 수비가 정돈되기 전에 오픈 공간을 만들어 공격 기회를 창출했다. 이는 단순한 득점 기회 창출뿐만 아니라, 상대 수비가 따라오지 못하도록 공간을 조절하는 능력과 연결된다.

수비에서의 공간 활용 및 창출로, 공간 활용 능력으로는 첫째, 강한 피지컬을 이용한 1대1 수비로서, 몸싸움에 강한 선수였기에, 상대 공격수를 효과적으로 밀어내며 유리한 수비 위치를 점하는 능력이 있었다. 이를 통해 상대가 원하는 공간에서 플레이하지 못하도록 만들었다. 둘째, 리바운드에서의 위치 선정으로, 리바운드 시 상대보다 먼저 좋은 자리를 차지하는 능력이 뛰어났다. 특히 공의 궤적을 예측하여 미리 움직이는 센스가 있었고, 이를 통해 리바운드 후 빠른 공격 전환을 이끌어냈다. 공간 창출 능력으로, 첫째, 더블팀을 활용한 상대 공격 제한인데, 상대 주 득점원에게 더블팀을 시도할 때, 적극적으로 개입하여 상대의 패스를 유도하는 방식으로 공간을 창출했다. 즉, 상대의 공격 루트를 제한하는 방식으로 공간을 조절하는 능력이 있었다. 둘째, 상대 공격수의 공간 제한으로, 수비 시 상대 공격수의 움직임을 방해하여, 원하는 자리에서 슛을 시도하지 못하도록 압박했다. 상대가 코트 한쪽에 갇히게 만들고, 볼 흐름을 어렵게 만드는 방식으로 수비 공간을 조절했다.

이들을 종합한 결과로는 현주엽은 단순한 득점원이 아니라, 공간을 효과적으로 활용하고 창출할 줄 아는 전천후 플레이어였다. 공격에서는 돌파, 포스트업, 패스를 활용해 공간을 넓히고, 상대 수비가 예측하기 어려운 플레이를 펼쳤다. 수비에서는리바운드와 강한 몸싸움으로 상대의 공간을 제한하고, 빠른 속공 전개로 공간을 창출했다. 결론적으로 그는 농구에서 "공간의 의미"를 극대화한 선수로, 한국 농구에서 보기 드문 다재다능한 포워드였다.

8 김단비 선수

농구 경기에서 공간 활용 능력은 선수의 신체적 특성, 체력, 공격 및 수비 능력과 밀접한 관련이 있다. 김단비 선수는 이러한 요소들을 효과적으로 결합하여 뛰어난 공간 활용 능력을 보여주고 있다. 첫째, 신체적 특성으로 김단비 선수는 180cm의 신장을 갖추고 있어, 이는 리바운드와 슛 블로킹 등에서 유리한 조건이다. 이러한 신체적 이점을 활용하여 코트에서의 공간을 효율적으로 점유하고, 팀의 수비와 공격에 큰 기여를 하고 있다. 둘째, 체력 사항으로 농구는 지속적인 움직임과 높은 강도의 운동을 요구하는 스포츠로, 우수한 체력은 필수적인데, 김단비 선수는 꾸준한 체력 관리를 통해 경기 내내 활발한 움직임을 유지하며, 이는 공간 활용 능력 향상에 직접적인 영향을 미친다. 셋째, 경기 운영에서의 공간 활용 능력을 공격 측면과 수비 측면으로 알아본다면, 공격 측면으로 공격 시 공간을 효과적으로 활용하는 능력은 득점 기회를 창출하는 데 핵심적인데, 김단비 선수는 뛰어난 드리블 기술과 슈팅 능력을 바탕으로 수비수를 제치고 공간을 만들어내며, 이는 팀의 득점으로 이어진다. 한편, 수비 상황에서 공간 활용은 상대 팀의 공격을 차단하는 경우 중요한데, 김단비 선수는 탁월한 위치 선정과 빠른 반응 속도를 통해 상대의 공격 루트를 차단하며, 이는 팀의 수비 안정성에 크게 기여한다.

김단비 선수가 실행한 가장 좋은 한 경기를 분석해 본다면, 김단비 선수는 2024-2025 여자프로농구 정규리그에서 평균 21.1점, 10.9리바운드, 2.07스틸, 1.52블록슛을 기록하며 득점, 리바운드, 스틸, 블록슛 등 주요 4개 부문에서 1위를 차지했다. 이러한 활약으로 우리은행은 통산 15번째 정규리그 우승을 달성했다. 특히, 김단비 선수는 2024년 12월 18일 열린 부천 하나은행과의 경기에서 40득점과 19리바운드를 기록하며 개인 단일 경기 최다 득점과 리바운드 기록을 세웠다. 이 경기에서 김단비 선수는 공격과 수비에서 모두 탁월한 퍼포먼스를 보이며 팀의 승리에 크게 기여했다. 이 경기를 분석해 보면, 공격 면에서 김단비 선수는 다양한 공격 옵션을 활용하여 득점을 쌓았다. 중거리 슛과 3점슛은 물론, 드라이브 인을 통해 상대 수비를 무너뜨렸다. 특히, 자유투 라인에서도 높은 성공률을 보이며 안정적인 득점을 이어갔다. 수비 면에서는 19개의 리바운드를 잡아내며 수비 리바운드와 공격 리바운드 모두에서 존재감을 드러냈다. 상대 팀의 주요 득점원을 효과적으로 막아내며 스틸과 블록슛에서도 두각을 나타냈다. 이러한 전방위적인 활약을 통해 김단비 선수는 팀의 승리를 이끌었으며, 개인적으로도 커리어 하이 기록을 달성하는 등 인상적인 경기를 펼쳤다.

종합적으로, 김단비 선수는 신체적 특성, 체력, 그리고 공격과 수비에서의 공간 활용 능력을 통해 팀의 성과에 크게 기여하고 있다. 이런 점들을 종합할 때, 그녀는 농구가 요구하는 공간을 창출하고 적극 활용하는 능력이 뛰어난 공간 지배력을 갖춘 한국의 여자 농구 스타임이 자명하다.

03

축구

03 축구

개별선수
리오넬 메시, 케빈 데브라이너, 손흥민, 김민재, 박지성

1 | 경기규칙

축구는 공을 가지고 하는 팀 스포츠이다. 11명씩 한 팀을 이루어 두 팀이 경기하며 전반전, 후반전 각각 45분으로 총 경기 시간은 90분이다. 만약 90분 내에 승부가 나지 않을 경우에는 연장전을 치르는데, 연장전은 전반과 후반 각각 15분으로 총 30분이다.

2 | 경기장 재원

국제축구대회에서 사용되는 축구장의 규격은 길이가 100-110m, 폭 64-75m이며 일반적으로 길이 105m에 폭 68m를 제일 많이 사용한다. 축구 골대의 높이는 2.44m이고 폭은 그 3배인 7.32m이다. 즉 축구 골대 가로와 세로의 비율은 정확히 3:1이라 볼 수 있다. 이 길이가 정해지게 된 유래는 영국에서부터 시작했다. 영국인들은 오랜 경험 끝에 축구 골대 높이를 8피트로 하는 것이 적당하다고 판단했다. 그 이유는 7피트는 너무 낮고 9피트는 너무 높아 골키퍼가 자신의 신장 위로 오는 공을 쉽게 막을 수 없었기 때문이다. 골키퍼는 다른 포지션의 선수보다 신장이 커 대부분 6피트에서 6피트3인치였다. 이

정도 신장을 가진 골키퍼가 손을 위로 쭉 뻗으면 닿을까 말까한 높이가 8피트였다 8피트를 미터법으로 환산하면 2.44m이다.

축구 골대 좌우 폭이 8야드(24피트)로 정해진 것도 같은 이유이다. 7야드로 정할 경우 골키퍼가 좌우로 몸을 날리면 웬만한 킥을 거의 막아낼 수 있을 것이며 9야드로 할 경우에는 폭이 너무 커 대량 실점을 가능성이 높았을 것이다. 그래서 8야드 즉 7.32m로 정한 것이다.

축구에서 프리킥을 할 때 상대 수비는 공으로부터 9.15m 떨어져야 한다. 9.15m은 10야드이다. 1야드가 서양 성인 남자의 보폭에 해당하기 때문에 10야드는 열 걸음이 된다.

축구공 규격의 규정은 둘레 68~70cm이고 무게는 410~450g이다.

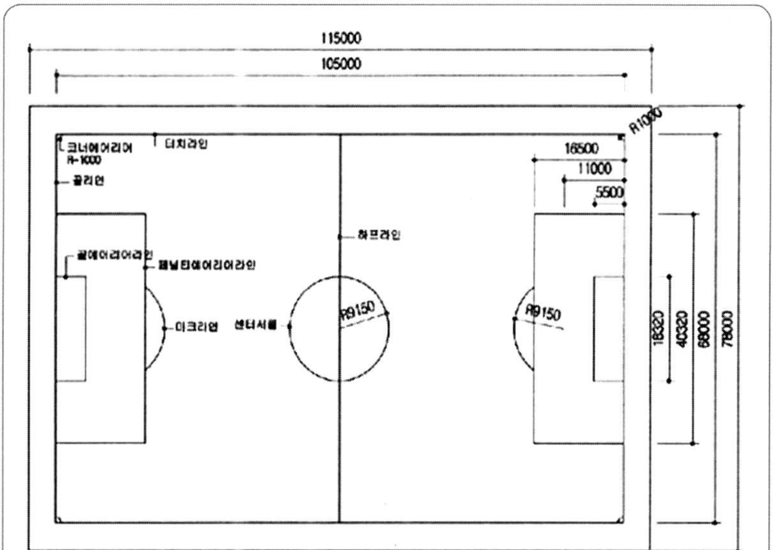

3 | 축구 경기에서 공간 의미 및 공간 창출 능력

축구를 할 때 큰 신장과 적당한 덩치를 지니고 있다면 경기 능력에 큰 도움이 될 것이다. 그러나 그 외에도 다양한 능력이 요구된다. 사고력이나 창의력 등이 그 예이다. 기본적으로 패스를 할 때는 삼각편대를 이루곤 하는데, 이때 수비수가 집중되지 않는 방향으로 패스해야 한다. 또한, 포메이션에 따라서는 미드필더들의 다이아몬드 형태의 패스가 중요할 수 있다. 이 경우 역시 삼각편대와 같이 상대편은 가운데에서 공을 쫓아다녀야 하기에 상대의 체력을 소진할 수 있다.

이 외에도 공간 활용이 중요하다. 경기 중에 적합한 위치에 들어가고, 그 곳에 공을 정확하게 보내는 능력이 선수에게 필요하다. 공격수는 골을 넣는 선수이므로 공격수는 수비수를 뚫고 지나갈 수 있는 드리블 능력과 피지컬이 좋고, 골 결정력이 우수해야 하며 뛰어난 압박 능력으로 공을 빼앗아 올 수 있는 능력을 가져야 한다. 미드필더는 공격수와 수비수를 연결하면서 공격과 수비에 관련된 역할을 수행하며, 공격수로의 볼 배급과 공격 가담, 상대 공격의 차단과 수비 가담 등 다양한 임무를 가지고 있다. 그렇기에 미드필더는 여기저기 움직일 수 있는 활동량과 체력이 중요하고, 정확한 패스와 크로스 실력이 필요하다. 또한 정확히 공간을 보고, 적합한 위치에 공을 패스해주는 능력이 필요할 것이다.

수비수의 기초적인 임무는 상대방의 공격을 방해하고 공을 최대한 위험지역에서 걷어내는 것이다. 그러나 현대에 오면서 수비수는 덧붙여 공격, 패스의 최초 연결점의 역할도 동시에 요구받으면서 수비적 능력 이외에 많은 것을 요구받게 되었다. 골키퍼에게 요구되는 능력은 상대 공격수와의 각을 좁히는 경우다. 1대1 상황뿐만 아니라 상대 팀이 크로스를 올리려 하거나 측면에서 가운데로 공격하려는 상황에서는 니어 포스트 (공격수 입장에서 가까운 쪽 골포스트)에 있는 것도 각을 좁히는 것 중 하나라고 할 수 있다.

● 공간 창출 능력

많은 활동량과 빠른 스피드로 적의 배후에 침투하여 빈 공간을 노리고 들어감으로써 동료들의 원활한 패스 웍을 극대화시킨다거나 골 찬스를 만드는 위력적인 능력을 말한다. 2010남아공 월드컵에서 아르헨티나의 메시를 예로 들면, 그가 공을(비록 공을 가지고 있지는 않지만) 빠른 스피드로 상대의 배후를 노리자 수비수 3~4명이 그에게 달라붙어 팀의 다른 동료들의 패스나 슛을 위한 공간이 만들어졌다.

● 공간 이해 능력

물리학자들이 상대론에서 시간과 공간의 연관성을 연구해서 웜 홀에 대해 연구한다든지, 모든 물체가 작은 끈으로 이루어졌다는 '끈 이론'으로부터 양자역학적인 공간을 연구해서 이해한다든지, 수학적으로 공간의 차원을 확장해서 10차원으로부터 26차원으로 확장해서 공간의 본질을 연구한다든지 등등 공간의 본질에 대해 탐구해서 공간에 대해 아는 것을 말한다. 축구에서 비유를 하자면 박지성 선수가 엄청날 활동량으로 다른 선수가 비록 공을 가지고 있지만 팀의 득점을 위해 그라운드에서 자신이 이동할 가장 적절한 공간을 인식하고 그 곳으로 움직이는 것으로 설명할 수 있다.

4 | 개별 선수

1 리오넬 메시 선수

리오넬 메시의 장점에는 좋은 드리블과 타이밍, 침착함, 바람직한 균형 등이 있다. 물론 이러한 특징들은 그 자체로도 빛을 발휘하지만 서로 조화를 이루어 좋은 결과를 만들어내는 상황이 많다. 드리블로 돌파를 할 때는 타이밍과 침착함이 중요하다. 수비수의 발이 들어오는 타이밍을 예측하여 개인기를 하고 그 후 동작을 위한 침착함이 하나로 이어져야 좋은 드리블을 할 수 있기 때문이다. 메시는 이러한 플레이에 매우 능한 선수이다.

그의 신체적인 특성을 살펴보면, 키가 크고 신체조건이 좋으면 몸싸움, 제공권 다툼 등에서 유리할 수밖에 없다. 하지만 메시는 왜소한 체구에도 불구하고 세계 최고의 선수가 되었다. 그 이유는 메시가 본인의 작은 키를 빠르고 정교한 드리블에 정말 잘 활용했기 때문이다. 메시는 드리블을 할 때 다른 선수보다 쉽게 낮은 자세로 드리블을 할 수 있기에 균형이 잘 무너지지 않고 거친 몸싸움에도 곧장 일어나 경기를 진행할 수 있었다.

그의 공간 지배력은 단순한 속도나 기술을 넘어서 공간을 읽고 창출하는 능력에 기초한다. 이를 다음과 같은 측면에서 분석할 수 있다. 첫째, 공간 감각과 위치 선정으로, 그의 플레이를 보면 상대 수비수들 사이의 공간을 자연스럽게 찾아가는 능력이 뛰어나다. 공이 없을 때도 수비 뒷공간으로 침투하거나, 중앙에서 최적의 패스 옵션이 될 수 있는 위치를 점유한다. 상대 수비가 그를 견제하려 하면, 그의 움직임 자체가 공간을 만들어 동료에게 유리한 환경을 제공한다. 둘째, 드리블을 통한 공간 창출로서, 그의 드리블은 단순한 개인기 과시가 아니라 상대 수비진의 구조를 깨뜨리는 도구이다. 수비수 한두 명을 벗겨내면, 그들이 공간을 메우기 위해 움직이면서 또 다른 공간이 열리게 되고, 이를 이용해 패스 혹은 돌파를 시도한다. 특히 그의 낮은 무게-중심과 짧은 스텝은 빠른 방향 전환을 가능하게 하여 좁은 공간에서도 압박을 뚫고 나갈 수 있도록 돕는다. 셋째, 패스와 플레이-메이킹으로서 공간을 읽는 능력뿐만 아니라, 적기에 패스를 공급하는 능력 또한 그의 공간 지배력을 높이는 요소이다. 상대 수비의 움직임을 예측하여 미리 패스를 찔러 넣는 능력이 탁월하며, 이는 동료들에게 결정적인 기회를 제공한다. 짧은 패스와 긴 패스를 상황에 맞게 조절하며, 특히 협소한 공간에서의 원터치 패스는 수비를 무력화시키는 강력한 무기이다. 넷째, 공간을 활용한 슈팅으로, 그의 골 결정력은 단순한 마무리 능력이 아니라 공간을 활용한 슈팅 위치 선정에서 비롯된다. 좁은 공간에서도 슛 타이밍을 만들어내는 능력이 있으며, 반 박자 빠른 슛이나 수비와 골키퍼의 시야를 교란하는 움직임을 통해 득점을 만들어낸다. 그의 플레이를 좀 더 구체적으로 살펴보자. 먼저, 골키퍼와 1대1 상황의 경우가 있다. 골키퍼의 경우 공격수와 1대1 상황에서 각도를 좁히기 위해 앞으로 나온다. 골키퍼가 앞으로 나오면 골키퍼를 제치지 않는 이상 매우 각도가 좁아져 골을 넣기 쉽지 않다. 이때 그는 다른 선수들처럼 골키퍼를 제치거나 좁은 각도로 골을 넣을 뿐만 아니라, 골키퍼의 다리 사이 혹은 골키퍼의 키를 넘기는 칩-슛으로 골을 많이 넣는다. 골키퍼가 앞으로 나오면 각도를 좁힐 때는 자세를 낮게 한 채로 두 팔과 두 다리를 쭉 뻗은 상태로 오기 때문에 다리 사이로 통과시키면 골대 바깥으로 빗겨나갈 일도 없고 공의 속도를 줄일 필요 없기에 골을 넣을 수 있다. 또한, 칩-슛은 뒤따라오는 수비수가 바짝 쫓아와 골대 앞에서 수비하지 않는 이상 골키퍼가 각도를 좁히는 것에 전혀 구애받지 않는다. 다섯째, 전술적 유연성과 다재다능함으로, 그의 공간 지배력은 한 포지션에 국한되지 않는다. 중앙, 측면, 심지어 하프-라인 아래까지 내려와 경기를 조율하는 등 다양한 역할을 수행할 수 있다. 특정 구역에서만 활동하는 것이 아니라, 경기 흐름에 따라 자신이 가장 영향력을 발휘할 수 있는 위치로 이동하면서 공간을 창출하고 활용한다.

그의 활동에 대한 구체적인 수치로 보자. 이는 경기 당 공격 포인트이다. 그는 627경기에서 499골과 241도움을 기록할 만큼 매 경기 좋은 모습을 보였는데, 무려 경기당 공격 포인트가 1.34다(2016년 3월 기준). 또한, UEFA 챔피언스 리그에서는 111경기 93골이라는 놀라운 모습을 보였다(2017년 2월 기준). 코로나 사태로 인해 시즌이 중단되기는 했지만 2019/2020시즌에는 경기당 득점률이 1.2였다.

결론적으로 메시는 단순히 공을 소유하고 움직이는 선수가 아니라, 공간을 창출하고 활용하는 능력을 극대화한 선수이다. 그의 플레이를 보면, 상대 수비의 약점을 정확히 파악하고, 공간을 지배함으로써 경기의 흐름을 바꾸는 모습을 자주 볼 수 있다. "공간을 지배하는 자가 스포츠 스타"라는 관점에서 보면, 그의 공간 활용 능력은 단순한 기술이 아니라 축구의 본질을 새롭게 정의하는 요소라고 할 수 있다.

2 케빈 데브라이너 선수

맨시티는 영국 맨체스터의 에티하드 스타디움에서 열린 EPL 6라운드 왓포드와의 홈경기에서 EPL 역사상 최초로 전반 18분 만에 5골을 넣는 등 '골 폭풍'을 몰아치며 8대 0 대승을 거뒀다. 이 역사적인 대승의 중심엔 '패스마스터' 데브라이너가 있었다. 데브라이너는 이날 팀의 5골에 직·간접적으로 기여하며 1골 2도움을 올렸다. 8번의 키-패스를 공급하고 5번의 정확한 크로스와 3번의 롱-패스를 상대 진영 깊숙이 배달하는 동안 88%의 높은 패스 성공률을 기록했다. 뿐만 아니라 직접 볼을 몰고 돌파하며 4번의 드리블을 성공시키고 슈팅도 4회나 기록했다. 19-20시즌에는 최다 도움 포인트에서 17포인트를 쌓으면서 2등인 알렉산더 아놀드의 12포인트이다. 게다가 공격 포인트는 골 수, 도움 포인트 수 다 합쳐서 나오는 것인데 EPL 중에서 25포인트를 쌓으며 당당히 1등을 차지했다. 또한 유효 슈팅을 22개를 기록했다. 그는 경기 당 도움이 1.17이며 유럽 5대 리그 (스페인·잉글랜드·독일·이탈리아·프랑스) 어시스트 1위에 오르는 경이로운 도움 행진을 벌였다.

경기를 잘 운영하기 위해서는 드리블이 중요하다. 그 중에서 타이밍 뺏기 원리가 중요한데 이 안에는 무게 중심의 원리가 포함되어 있다. 수비수가 공격수의 공을 뺏기 위해서는 공격수가 실수하지 않는 이상 덤벼야 하는데, 공격수는 덤비는 수비를 보고 반응할 수만 있다면 뺏기지 않는다. 아무리 타이밍을 잘 잡는다 하더라도 수비 레이더 망을 벗어나지 못하면 공을 뺏기게 된다. 이는 자신의 무게 중심을 이길 수 있는 선수는 없다는 것의 증거이다. 수비수는 자신의 무게 중심으로 인하여 제2의 동작을 할 수 없다. 공격수가 수비 무게 중심을 옮기기 위하여 볼을 이동 공격수가 볼을 이동시켰을 때, 공격수에게는 한 발이지만 수비수에게는 3걸음이다. 수비수가 볼을 뺏으려면 더 많은 무게 중심을 옮길 수밖에 없다. 그 순간 타이밍을 뺏을 수 있다. 드리블 원리는 상대방 무게 중심을 이용하기 때문에 원리를 안다면 상대방이 피지컬이 자신보다 강해도 이길 수 있다. 그는 직선적이며 전진에 매우 능한 미드필더이다. 18/19시즌에는 순간속도가 34.5km/h였다. 하지만 그렇다고 치고 달리기만 하는 것이 아닌 달려 나갈 때도 공을 자신의 발과 가깝게 유지하여 상대방 수비가 빼앗지 못하게 한다. 그는 도움 포인트가 많으면서도 패스 성공률이 81.7%이다. 같은 팀 미드필더들은 대부분 90% 육박하지만 그는 그렇지 못하다. 하지만 여기서 짚고 넘어가야 할 것들이 있다. 킬-패스, 즉 상대 수비수가 미처 대응하지 못하는 공간으로 들어가는 패스를 말한다. 이러한 패스를 경기마다 터무니없이 많이 한다는 것이다. 하지만 경기당 킬-패스를 3.7회 성공시킨다. 경기 당 1-2회 성공시킨다는 것을 염두에 두면 엄청난 능력임을 알 수 있다.

결론적으로 자기 신체를 활용한 무게 중심을 잘 잡아서 활용하여 승리에 기여하는 공간을 창출하고 활용을 잘하는 선수라고 평가할 수 있으며, 이러한 관점에서 공간을 지배하는 스포츠 스타 중 한 명이다.

3 손흥민 선수

대한민국에선 단순히 축구 선수가 아닌 대한민국 스포츠를 대표하는 스포츠 스타이다. 1990년대 말 외환위기 시기 국민의 희망이 되어준 박찬호, 박세리 이후 2020년 코로나 시기에 국민에게 기쁨을 주고 있다. 2010년대 중반~2020년대 대한민국을 상징하는 스포츠 영웅 중 한 명이자 한국 축구의 아이콘, 나아가서 대한민국을 대표하는 셀럽 같은 존재로 자리매김했다.

그는 대한민국 국적의 토트넘 홋스퍼 FC 소속 축구 선수. 포지션은 윙어와 중앙 공격수이다. 토트넘 홋스퍼 FC와 대한민국 축구 국가대표팀의 주장을 맡고 있다. 프리미어 리그와 UEFA 챔피언스 리그 아시아 선수 역대 최다 득점자이며 아시아 최초로 발롱도르 후보

30인과 FIFA FIFPro 월드 XI 후보 55인에 선정됐다. 또한 FIFA 푸스카스상을 수상했으며 프리미어 리그 이달의 선수에 4회 선정됐다. 아시아 선수 최초로 PFA 올해의 팀에 선정됐고 프리미어 리그 통산 100골 및 프리미어 리그 골든 부츠를 수상한 유일무이한 아시아 선수이다.

손흥민 선수의 공간 활용 능력은 그의 경기 스타일과 전술적 역할을 이해하는 데 중요한 요소이다. 이를 몇 가지 핵심 측면으로 분석해 보자.

첫째, 공간 창출로, 그는 상대 수비를 교란하며 공간을 만드는 능력이 뛰어나다. 빠른 침투와 방향 전환을 통해 수비수 사이에 빈 공간을 만들고, 동료 선수들이 활용할 수 있도록 돕는다. 특히, '손흥민 존'이라는 독특한 공간(그는 아버지와 함께 페널티 에어리어 근처에서 수도 없는 연습을 하여 본능적으로 골 결정력을 높인 그만의 공간 창출을 실행하고 골을 넣게 됨)이 존재하고 적극 활용하고 있다. 토트넘에서 해리 케인과의 호흡을 보면, 그가 공간을 만들면 케인이 침투하고, 반대로 케인이 공간을 만들면 그가 활용하는 모습이 자주 보인다. 둘째, 공간 인지 능력으로, 그는 경기 중 끊임없이 주변을 스캔하며 상대 수비 라인의 위치를 파악하는데, 공을 받기 전과 후에 위치를 조정하며, 최적의 슈팅 기회나 패스 루트를 찾아낸다. 특히, 역습 상황에서 자신의 속도를 활용할 수 있는 공간을 빠르게 감지하는 능력이 탁월하다. 셋째, 공간 침투 능력으로서, 그의 가장 강력한 무기 중 하나는 뒷공간 침투인데. 상대 수비가 높은 라인을 형성할 때, 손흥민은 빠른 스프린트로 뒷공간을 공략하여 1대1 기회를 자주 만들어낸다. 측면에서 중앙으로 들어오거나, 중앙에서 측면으로 빠지는 움직임을 통해 마크를 따돌린다. 넷째, 좁은 공간에서의 플레이로서, 상대가 내려앉아 있을 때도 그는 좁은 공간에서 빠른 패스와 터치를 활용하여 기회를 만든다. 특히, 1~2명의 수비수를 끌고 다니면서 패스를 주고받거나, 개인 돌파로 공간을 열어가는 능력이 있다. 다섯째, 슈팅을 위한 공간 확보로서, 그는 슈팅을 위한 각도를 만들기 위해 공을 받는 순간부터 공간을 계산하는데, 수비수를 한 번에 제치는 첫 터치, 방향 전환, 그리고 왼발-오른발을 가리지 않는 슈팅 능력으로 공간 활용을 극대화한다. 대표적으로 아스널전(2019)에서 보여준 놀라운 골처럼, 순간적인 드리블과 위치 선정으로 최적의 슈팅 공간을 만들어낸다. 여섯째, 공간 활용을 통한 수비 기여로서, 그는 단순히 공격에서만 공간을 활용하는 것이 아니라, 수비 시에도 상대의 패스 루트를 차단하는 위치를 잡아준다. 필요할 때 깊숙이 내려와 공간을 좁히거나, 역습을 위해 최적의 공간에서 대기하는 모습을 보인다.

▲ 손흥민의 포효하는 모습

이들을 종합한 결론으로, 손흥민은 단순히 빠른 선수에서 그치는 것이 아니라, 공간을 창출하고 활용하며, 슈팅 기회를 극대화하는 능력을 갖춘 선수이다. 그의 공간 활용 능력은 단순한 개인 능력이 아니라 전술적 움직임과 경기 인식을 바탕으로 한 것이며, 이는 현대 축구에서 손흥민을 차별화하는 중요한 요소이다. 이러한 점에서 그는 축구장에서 공간을 지배하고 골을 결정하는 명실공히 스포츠 스타이다.

손흥민 선수의 한 경기를 분석한 것을 토대로 한다면 그의 공간과 관련된 의미를 잘 새길 수 있을 것이다. 그 사례로서 주요 수치는 볼터치 57회, 패스 성공률 86%(43회 시도-37회 성공), 키 패스 2회, 빅 찬스 2회, 유효 슈팅 2회, 드리블 성공률 50%(2회 시도-1회 성공), 기대 득점(xG) 0.24, 기대 어시스트(xA) 0.33) 등이 있다. 이날 경기 MOTM(Man Of The Match, 수훈 선수) 선정은 물론 리그 전체에서도 최고라는 평가가 쏟아졌다. 그는 넓은 시야를 갖고 패스 능력이 뛰어나고, 위치 선정 능력이 좋은 편이며, 피지컬, 외국인으로서 팀의 주장을 맡을 정도의 책임감과 의사소통능력을 갖추고 있으며, 골이 나오기 어려운 상황에서 어시스트와 골, 결정적 순간에 방어에 성공한 경우에서 우리는 열광한다. 손흥민이 자기 진영 중간 정도에서 드리볼하여 골을 성공한 순간(그 해의 골에 선정됨)에서 관중의 두뇌에 환희의 공간이 열리고 오랫동안 기억되어 스타로 남게 된다.

4 김민재 선수

김민재 선수는 대한민국 국적의 FC 바이에른 뮌헨 소속 축구 선수로 포지션은 센터백을 맡고 있다. 2022-23시즌 나폴리에서 뛰어난 활약으로 33년 만에 팀의 세리에 A 우승을 이끌어 세리에 A 최우수 수비수를 수상했다. 특히 그가 결정적인 수비를 성공시킬 때마다 홈구장 관중들이 "킴킴킴킴"을 외치는 특이한 응원법까지 정착시키며 큰 화제를 모았다. 그리고 2023-24 시즌을 앞두고 바이에른 뮌헨으로 이적하였다. 그의 활약상은 몸담고 뛰었던 이탈리아, 모국 대한민국(2023년 올해의 선수상), 소속된 대륙(2023년 올해의 해외파 선수), 나아가 전세계에서까지 인정받았다. 아시아 수비수가 받을 수 있는 개인 수상으로는 그랜드슬램에 가까운 성과다.

김민재 선수의 공간 활용과 공간 창출 능력을 분석하면, 그의 수비적 기여뿐만 아니라 공격 전개 측면에서도 중요한 역할을 수행하고 있음을 알 수 있다. 공간 활용 능력으로, 그는 뛰어난 위치 선정과 상황 판단을 바탕으로 공간을 효율적으로 활용하는 선수이다. 첫째, 커버 범위와 수비 공간 관리로서, 그는 넓은 수비 범위를 커버하는 능력이 뛰어나며, 상대 공격수가 침투하려는 공간을 미리 차단한다. 높은 스프린트 속도와 빠른 방향 전환 능력 덕분에 상대의 패스 라인을 끊거나 압박을 가하는 데 효과적이다. 1대1 상황에서 상대를 밀착 마크하면서도, 주변 공간을 놓치지 않는 균형 잡힌 수비를 펼친다. 둘째, 라인 컨트롤과 압박 조절로서, 팀 전술에 맞춰 수비 라인을 적절히 조정하며, 상대가 공간을 쉽게 활용하지 못하도록 압박의 강도를 조절한다. 공간을 좁히거나 넓히는 과정에서 동료 수비수 및 미드필더와의 협력 플레이가 원활하다.

그의 공간 창출 능력으로서, 그는 단순한 수비수 역할을 넘어, 공을 전개하는 과정에서도 공간을 창출하는 능력을 보여준다. 이에는 첫째, 전진 드리블과 빌드업 기여로서, 상대 압박을 이겨내고 직접 전진 드리블을 시도하면서 상대 미드필더를 끌어내어 공간을 만든다. 중앙에서 측면으로 공을 연결하거나, 롱패스를 활용해 상대 수비 뒷공간을 공략하는 능력이 뛰어나다. 둘째, 정확한 패스와 시야로서, 단순한 안전한 패스뿐만 아니라, 상대의 압박을 깨는 전진 패스를 적극적으로 시도한다. 수비진영에서의 롱패스를 통해 상대 수비 라인을 무너뜨리거나, 동료 공격수가 유리한 공간을 점유하도록 도와준다. 셋째, 세트피스 상황에서의 공간 활용으로, 코너킥이나 프리킥 상황에서 제공권을 활용해 공격 공간을 창출하고, 직접 득점 기회를 만들기도 한다.

그의 전술적 응용으로서, 그의 공간 활용 및 창출 능력은 단순한 개별 능력을 넘어, 팀 전술의 중요한 축을 담당한다. 높은 수비 라인을 유지하는 전술에서는 빠른 속도를 활용해 뒷공간을 커버하고, 빌드업을 중시하는 팀에서는 공격 전개를 도우며, 상대 수비진을 무너뜨리는 패스를 제공한다. 강한 압박 전술에서는 적극적으로 전진해 상대 미드필더를 압박하며, 공을 따내는 즉시 역습을 전개하는 역할을 수행한다.

이들을 종합한 결론으로, 김민재 선수는 단순한 수비 능력을 넘어, 공간 활용과 창출 면에서 현대 축구가 요구하는 다재다능한 수비수의 전형을 보여준다. 그의 기민한 위치 선정, 전진 드리블, 패스 능력은 팀의 공격과 수비를 연결하는 중요한 요소이며, 이를 통해 상대 팀의 공간을 차단하고 아군의 공간을 효과적으로 창출하는 역할을 수행한다.

5 박지성 선수

박지성 선수는 아시아인 최초로 챔피언스 리그 경기에서 활약하고, 대한민국 최초로 프리미어 리그에서 활약하였으며, 2002 한일 월드컵 포르투갈과의 16강전 경기에서, 가슴, 허벅지로 이어지는 3단 트래핑으로 우리의 기억에 남아있는 선수이다.

그는 공간을 지배하는 또 다른 방식을 보여준 선수이다. 메시처럼 창조적인 공간 활용을 통해 경기를 지배하기보다는, 지능적인 움직임과 왕성한 활동량을 통해 팀 전술을 완성하는 유형이었다. 이를 다음과 같이 분석할 수 있다. 첫째, 공간을 점유하는 지능적인 움직임으로, 그는 경기 내내 적절한 위치를 찾아다니며 상대의 수비-라인을 무너뜨리는 역할을 수행했다. 특히 공격과 수비의 연결 고리 역할을 맡아 상대 수비수와 미드필더 사이의 공간을 효과적으로 점유하는 움직임을 보여줬다. 공격에서는 빈-공간으로 침투하고, 수비에서는 상대의 패스 길목을 차단하는 등 공간을 활용하는 능력이 뛰어났다. 둘째, 왕성한 활동량과 공간 커버 능력으로, "산소탱크"라는 별명처럼, 그는 90분 내내 쉼 없이 뛰며 넓은 공간을 커버할 수 있는 능력을 갖추고 있었다. 수비 시에는 중앙과 측면을 가리지 않고 압박하며, 공격 시에는 빠르게 침투하여 상대 수비의 균형을 무너뜨리는 역할을 했다. 특히 빅-매치에서 상대 팀의 핵심 선수를 마크하며 공간을 지배하는 모습을 자주 보여줬다. 예로는 2010년 맨유 대 AC밀란 경기에서 피를로를 완전히 봉쇄했다. 셋째, 전술 수행력과 팀 플레이로서, 그의 가장 큰 장점은 전술적인 유연성과 헌신적인 플레이였다. 알렉스 퍼거슨 감독이 "전술적으로 가장 신뢰할 수 있는 선수"라고 평가한 것처럼, 상황에 따라 윙어, 중앙 미드필더, 수비형 미드필더까지 다양한 역할을 수행했다. 팀이 필요로 하는 공간을 메우고, 공수 균형을 맞추며 경기의 흐름을 조절했다. 이러한 능력 덕분에 빅-매치에서 중용되었고, 상대의 강력한 압박 속에서도 맨유가 공간을 효율적으로 활용할 수 있도록 도왔다. 넷째, 결정적인 순간을 만들어내는 공간 활용으로서, 단순히 많이 뛰는 것에서 끝나지 않고, 중요한 순간에 공격 포인트를 만들어내는 공간 활용 능력도 갖추고 있었다. 상대 수비가 방심하는 순간 침투하여 득점하거나 결정적인 패스를 연결하는 능력을 보여주었다. 예로서, 2010년 아스널전 결승 골, 2011년 첼시전 결승 골 등 "눈에 띄지 않지만, 결정적인 순간에 등장하는 선수"라는 평가를 받았던 이유도 이 때문이다.

이들을 종합한다면, 박지성은 메시처럼 창의적으로 공간을 만들어내는 유형이 아니라, 끊임없는 움직임과 전술 수행력으로 팀이 공간을 지배할 수 있도록 돕는 선수였다. 그의 플레이는 축구에서 공간이 단순한 '비어 있는 곳'이 아니라, 팀이 활용할 수 있는 자원임을 보여주는 사례라고 할 수 있다. 즉, 메시가 공간을 창출하며 지배하는 유형이라면, 그는 공간을 점유하고 조율하며, 팀이 효과적으로 활용할 수 있도록 돕는 유형이었다. 이는 "공간을 지배하는 자가 스포츠 스타"라는 개념에서 볼 때,"보이지 않는 영향력으로 공간을 지배하는 대표적인 선수"라고 조명될 수 있다.

04

배구

1. 경기규칙

2. 경기장 재원

3. 배구 경기에서 공간 의미 및 공간 창출 능력

4. 개별 선수

04 배구

개별선수

김연경, 문성민, 이경수

1 | 경기규칙

배구는 토스와 리시브, 스파이크 등과 같은 기술을 이용하여 두 팀 간에 네트를 사이에 두고 경쟁하는 스포츠로, 볼을 바닥에 떨어뜨리지 않고 서로 쳐서 상대방 팀의 코트에 떨어지게 하는 경기이다. 한 팀은 공을 3번 접촉한 뒤에는 반드시 네트 너머로 되돌려 보내야 한다. 공의 둘레는 65~67㎝이어야 하며, 무게는 260~280g이고, 볼의 내부 기압은 0.30~0.325㎏/㎠ (294.3~318.82mbar 또는 hpa)이다.

2 | 경기장 재원

6인제 경기에서 코트는 남녀 모두 길이 18m, 너비 9m의 직사각형 구획선으로 둘러싸였으며, 코트 면 위 7m까지에는 어떠한 장애물이 있어서는 안 된다. 코트의 중앙에는 코트를 둘로 가르는 센터라인이 있고, 그 센터라인에서 각각의 엔드라인 쪽으로 3m 떨어진 곳에 어택라인이 그어져 있다. 어택라인은 규칙에 정해져 있는 후열 선수가 어택라인보다도 앞으로 나와 네트 쪽의 지역에서 공격하거나 블로킹하는 동작을 방지하기 위한 표시이다. 선수들은 경기가 진행되고 있을 때는 중앙선을 넘어갈 수 없으며, 구획선은 흰색이어야 하고 코트와 프리존의 색은 각각 달라야 한다. 코트의 표면은 균일하고 수평하며 평탄해야 한다. 경기자가 부상을 당할 위험물이 있어서는 안 되며, 거칠거나 젖었거나 미끄러운 표면에서의 경기는 금지되어 있다. 실내코트의 표면은 단색이어야 하고 밝고 선명해야 한다. 서비스지역은 엔드라인 후방 (엔드라인은 포함되지 않음)에 너비 9m 지역으로서, 양쪽의 오른쪽에 각각 길이 15㎝의 짧은 선으로 구분되어 있다. 이 선은 사이드라인 연장선상에서 엔드라인 후방 20㎝에 너비 5㎝로 그린다. 이 두 선은 서비스구역에 포함된다. 센터라인은 시합 중에 상대방 선수가 잘못 넘어 들어와 부딪히거나 발을 삐는 일이 없도록 미리 주의를 환기시키기 위한 예방적인 표시이면서 동시에 각각 구역을 가르는 가장 기본이 되는 라인이다.

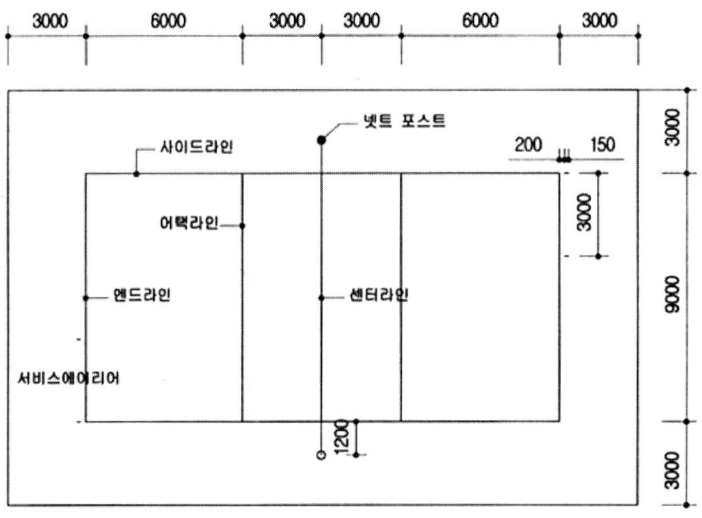

3 | 배구 경기에서 공간 의미 및 공간 창출 능력

배구는 큰 키라는 신체적 장점을 이용하여 높은 타점에서 공격을 이루어져야 하는 스포츠이다. 또한 경기의 진행 및 공수 전환이 빠른 스포츠로 선수 개개인의 빠른 판단력이 요구된다. 선수의 역량은 경기 기술, 스파이크, 서브 속도 및 공격 성공률을 바탕으로 측정된다.

배구에서 공간 창출과 지배는 득점 기회 극대화와 상대의 허점을 공략하는 데 중요한 요소이다. 배구에서 공간 창출 및 지배의 중요성을 살펴보면, 첫째, 공격 공간의 창출로서, 공격수는 블로커를 속이거나 상대 수비의 균형을 무너뜨리는 방향으로 움직여야 한다. 퀵 오픈, 백어택, 속공, 시간-차 공격 등 다양한 공격 옵션을 활용하면 상대 수비수가 한 공간에 몰리지 않고 분산된다. 세터와의 호흡을 맞춰 최적의 공격 지점을 설정하는 것도 중요하다. 둘째, 수비에서 공간 통제로서, 블로커는 상대 공격수의 스파이크 코스를 제한해야 한다. 수비수는 예상되는 공격 루트를 미리 읽고 적절한 위치를 선점해야 한다. 셋째, 공간 활용 능력의 결정 요소로는 점프 타이밍과 높이 조절로서 상대 블로킹 타이밍을 흐트러뜨려 공격 기회를 극대화한다. 공격 각도 조정으로 손목 스냅을 활용한 스트레이트 공격, 크로스 공격, 터치 아웃 유도 등의 기술이 필요하다. 상대 수비의 빈틈 파악으로 상대 수비수가 움직인 후 생긴 공간을 공략하는 것이 핵심이다.

4 | 개별 선수

1 김연경 선수

김연경 선수는 프로 데뷔 이후 국내 리그를 평정한 후, 남녀선수 통틀어 최초로 해외리그에 진출했다. 한국-일본-터키-중국-터키 순으로 진출하였으며, 지금은 국내 흥국생명에서 마지막 선수생활을 이어가고 있다. 일본에서 처음으로 2년 동안 뛰며 그 팀을 창단 이래 최초의 우승으로 이끌었다. 그 이후 터키에서 러브-콜을 받았는데, 많은 사람들이 그녀의 능력이 유럽에서는 통하지 않을 것이라 예상했지만, 진출 첫 시즌 만에 팀을 창단 후 첫 챔피언스 리그 우승으로 이끌었고, 본인은 MVP와 득점왕을 수상했다. 중국에서도 팀을 17년 만의 정규리그 1위와 챔피언결정전 준우승으로 이끌었다.

이런 배경을 염두에 두고, 그녀의 공간 창출 능력을 공격과 수비 두 가지 관점에서 분석해 보자.

첫째, 공격에서의 공간 창출 능력으로서, 그녀는 배구에서 다양한 공격 패턴을 활용하여 공간을 만들어내는 능력이 뛰어났다. 이들에는 블로킹, 넓은 시야, 공격 각도, 백어텍 공간 등이 있다. 블로커를 이용한 공간 창출로서, 상대 블로커를 의도적으로 이용하여 손을 맞추는 샷(터치 아웃 공격)을 자주 사용한다. 블로킹이 강한 팀을 상대할 때, 손끝을 맞춰 공을 바깥으로 빠지게 함으로써 득점을 만들어낸다. 시야를 활용한 공간 탐색으로서, 공격 전 수비 위치를 빠르게 확인하고, 빈 공간을 찾아 공을 보내는 능력이 탁월하다. 블로커가 좁게 서 있으면 강타로 뚫고, 넓게 서 있으면 블로킹 사이를 노려 공격한다. 때로는 강한 스파이크 대신, 수비하기 어려운 코스에 페인트를 활용한다. 다양한 공격 각도 활용 측면으로, 직선과 크로스 공격을 자유자재로 구사하며, 상대 수비가 예상하기 어렵게 만든다. 특히 왼쪽 공격 시, 직선 코스를 자주 활용하여 상대 블로킹을 흔든다. 후위 공격 공간 활용 측면으로는 후위에서도 강한 공격력을 보이며, 백어택 시 상대 수비의 위치선정을 보고 공격 방향을 조정한다. 상대 블로커가 전위 공격을 대비할 때, 후위에서 빠르게 공격하며 공간을 창출하는 능력을 보여준다.

둘째, 수비에서의 공간 창출 능력으로 그녀는 공격뿐만 아니라 수비에서도 공간 활용 능력이 뛰어난 선수이다. 상대 공격 예측 및 위치 관점으로, 상대 공격수의 움직임과 공격 타이밍을 보고, 미리 적절한 수비 위치를 잡는 능력이 탁월하다. 특히 리딩 디펜스를 통해 상대의 빈 공간을 예상하고 커버하는 플레이를 자주 보여준다. 블로킹 후 공간 커버 측면으로서는, 블로킹 이후 공이 어디로 튈지를 예측하고,

빠르게 움직여 수비 공간을 커버하는데, 이는 경험과 경기 운영 능력이 뛰어나기 때문에 가능한 부분이다. 수비 리시브에서의 공간 창출 관점에서 보면, 강한 스파이크를 수비할 때, 단순히 공을 받아넘기는 것이 아니라, 동료가 연결하기 좋은 위치로 수비하는 능력이 뛰어나며, 이는 팀 전체의 공격 기회를 극대화하는 공간 창출의 한 형태이다. 수비에서의 커뮤니케이션 및 리더십을 들 수 있는데, 그녀는 단순히 자신의 수비만 수행하는 것이 아니라, 동료 선수들에게 적절한 수비 위치를 지시하며 공간을 조정하며, 특히 세터와 리베로에게 적절한 위치를 알려주며, 상대 공격을 예측한 공간 활용을 유도한다.

이들을 종합해 본 결론으로는 김연경 선수는 공격과 수비 모두에서 공간을 창출하고 활용하는 능력이 세계적인 수준이다. 공격에서는 블로킹을 이용한 터치 아웃, 연타 활용, 다양한 각도의 스파이크로 상대를 공략하고, 수비에서는 예측 능력과 포지셔닝, 커뮤니케이션을 활용하여 팀의 수비 공간을 최적화한다. 이와 같이 그녀는 배구 경기에서 상대방의 활용 공간을 억제하는 그러한 능력을 바탕으로 공간을 지배하는 경향이 높아서 스포츠 스타임에 틀림 없다. 나아가 이러한 공간 창출 능력이 그녀를 세계적인 배구 선수로 만든 핵심 요소 중 하나이다.

2 문성민 선수

천안 현대캐피탈 스카이 워커스 소속의 문성민 선수는 국가 대표팀으로 도하 아시안 게임, 월드리그, 아시아남자배구선수권대회, 광저우 아시안 게임을 출전하였고 도하 아시안 게임에서는 금메달을 광저우 아시안게임에서는 동메달을 기록하였다. 스파이크 높이는 329cm, 블로킹 높이는 322cm로 한 경기에 백어택, 서브 에이스, 블로킹을 3개 이상하면 받게 되는 트리플 크라운을 두 번 획득하였다.

문성민 선수의 경기 스타일을 고려하면서 이 개념을 분석해 보자. 첫째, 다양한 공격 패턴으로 상대 블로킹을 무력화로서, 그는 윙스파이커(레프트/라이트)로서 강력한 백어택과 빠른 공격 전개 능력을 보유하고 있다. 그의 공격은 단순한 파워 플레이가 아니라, 블로킹을 피하거나 유리한 각도로 공을 보내는 정교한 기술이 포함된다. 둘째, 공격 공간을 창출하는 움직임으로, 상대 블로커의 블로킹 타이밍을 교란시키기 위해 속공과 연계하는 플레이를 자주 사용했다. 빠른 이동 후 예측 불가능한 공격으로 상대 수비를 혼란스럽게 만든다. 셋째, 블로커를 이용한 득점 능력으로, 상대 블로킹의 손을 이용해 아웃을 유도하는 '터치 아웃' 기술이 뛰어나, 상대 블로킹이 두꺼울 때는 상대 코트 깊숙한 지역으로 공을 밀어 넣는 전략을 사용하기도 한다. 넷째, 수비 공간 조절 능력으로, 그는 단순한 공격수에 그치지 않고, 블로킹과 리시브에도 기여하며 수비 공간을 효과적으로 커버한다. 빠른 반응 속도로 상대 공격의 예상 경로를 차단하고, 블로킹 이후 세컨드 볼까지 이어지는 연결 플레이에서도 강점을 보인다.

이들을 종합한 결론은 문성민 선수는 강력한 피지컬뿐만 아니라, 공간을 창출하고 활용하는 능력이 뛰어난 선수이다. 단순히 강한 공격만을 구사하는 것이 아니라, 상대 블로킹과 수비의 허점을 찾아 최적의 공간을 공략하는 능력이 돋보인다. 이러한 공간 활용 능력은 단순한 개인기에서 나오는 것이 아니라, 세터와의 호흡, 팀 전술, 본인의 경기 운영 능력이 조화를 이루었기에 가능한 것이다.

3 이경수 선수

이경수 선수는 김세진, 신진식과 함께 3대 거포로 꼽히고 있다. 그는 197㎝로 배구에서 꼭 필요로 하는 큰 신장을 가지고 있다. 배구는 네트를 넘기기 위해 높은 점프력과 함께 키가 크면 유리한다. 그리고 이경수는 큰 키와 함께 상대적으로 긴팔을 가지고 있다. 이는 팔을 휘두를 때의 속도를 빠르게 하고 더 많은 힘이 들어가게 되어서 강 스파이크를 날리는데 유리한다. 특히 이경수는 서브와 스파이크, 토스나 블로킹 등의 능력을 두루 갖추고 있어서 멀티 플레이어라고 할 수 있다.

우선, 서브는 어깨의 힘을 빼는 것과 점프높이와 점프의 위치 그리고 공을 손바닥과 손목의 가운데쯤에 맞추는 것이 중요하다. 왼손으로 공을 50㎝정도 높이로 오른팔 위로 보낸다. 이때, 몸은 정면을 바라보고 있는 것이 중요하다. 공은 자기 머리에서 포물선을 그리면서 오른 손 쪽으로 가야하는데 이때, 우리는 포물선 공식을 이용할 수 있다고 생각한다.

던지는 곳을 포물선의 초점으로 보고 던지는 힘에 따라서 포물선의 기울어진 정도가 변한다고 볼 수 있을 것 같다. 그리고 이제 스파이크에 대해 알아보자. 스파이크는 네트와의 거리가 가까울수록 상대 코트를 보는 각도가 커진다. 그러나 네트에 가까울수록 네트에 팔이 걸릴 우려가 있으므로 터치를 안 하는 범위에서 스파이크를 해야 한다. 이런 스파이크를 하는 위치는 물론 선수마다 차이는 있겠지만 보통 어택라인에서 3미터에서 공격하면 좋다.

스파이크를 할 때는 스파이크 하는 위치도 중요하지만 공을 때리는 각도 또한 중요하다. 각도는 스파이크의 위치에서 달라지기는 하지만 기본적으로 각이 작을 때 포인트를 얻기가 쉽다. 각이 커지면 블로킹 당할 우려가 있다. 우리는 여기에서 수학적 각도를 생각한다.

마지막으로 블로킹을 알아보자. 블로킹은 네트로부터 5미터 떨어진 곳에서 준비하고 상대방의 움직임에 따라 이동해야 한다. 이를 우리는 수학의 함수 관계에 적용해 생각 할 수 있을 것 같다. 블로킹을 준비하는 선수는 상대 선수를 주의 깊게 봐야하고, 상대방의 점프위치나 팔의 움직임을 보고 공의 진행방향을 예측해서 행동해야 한다. 즉, 이것은 상대방의 움직임이라는 정의역에 해당하는 치역을 찾는 것이고 치역을 훌륭하게 찾아내면 블로킹을 성공할 수 있게 된다.

이경수는 멀티 플레이어로 불리고 있다. 그는 강한 서브를 구사하다 보니 서브미스가 발생할 때가 많기도 하지만 그는 세트 당 평균 0.29개의 서브를 성공시키고 있다. 그리고 그의 강 스파이크는 그의 팔 길이에서 나온다고 할 수 있는데 그의 공격 성공률은 45.43 퍼센트를 기록하고 있다. 블로킹은 세트 당 0.37개를 하고 있다. 올해 시즌 성적의 결과이고, 살펴본 기록들은 통계학을 기본으로 하고 있다.

05

리듬 체조

1. 경기규칙
2. 경기장 재원
3. 리듬 체조에서 공간 의미 및 공간 창출 능력
4. 개별 선수

05 리듬 체조

개별선수
마르가리타 마문, 손연재

1 | 경기규칙

리듬 체조는 19세기 후반 유럽에서 만들어진 운동으로 율동적인 체조에 미적인 표현을 가미시켜 인간의 몸이 가지고 있는 자연적인 특성들을 최대한 드러내게 하는 것에 의의를 둔다. 리듬 체조는 마루 운동, 맨손체조, 무용의 요소가 모두 포함되어 있다. 올림픽에서는 리듬 체조를 리본, 후프, 곤봉, 볼, 네 가지 경기를 합산하여 순위를 매기고, 기본적으로 네 가지 모두 미적 감각을 주고 순발력과 유연성을 평가하는 곳에 쓰이고 있다.

리듬 체조에서 규격화된 리본의 길이는 6m이고 손잡이 길이가 50-60cm이다. 이 리본을 던지고 흔들고, 돌리고, 풀고, 넘는 동작들이 리본 경기에 모두 들어가야 한다. 리본을 돌릴땐 손목으로 짧게 원을 그리며 돌리는 동작뿐만 아니라 팔 전체를 이용하여 리본을 돌려야하기 때문에 아름다운 원 모양이 나옴과 동시에 돌리는 리본이 엉키지 않으려면 어깨를 원의 중심으로 하여 그리는 원 모양의 지름이 커야하고, 이는 돌리는 팔 길이가 길수록 유리하다. 리듬 체조에서의 규격화된 후프 지름은 80-90cm이다. 후프도 리본과 마찬가지로 팔 길이가 길수록 후프를 양손으로 잡고 돌리기에도, 후프를 던지기에도 편하므로 팔이 긴 사람이 유리하다. 규격화된 공의 크기는 지름 18-20cm이며, 곤봉은 무게 150g 이상, 길이는 40-50cm로 규격화 하고 있다.

네 개의 기구를 이용하여 경기를 펼칠 때는 흔들고, 돌리며, 던지고 잡는 동작을 모두 포함해야 한다. 특히 던지고 받는 동작은 높이 던질수록 공중에 기구가 머무르는 동안 몸을 여러 번 회전시키거나, 구르기 등 다양한 움직임을 한 후 받아내야 한다.

2 | 경기장 재원

탄력이 없는 12×12m인 마루에서 경기가 진행된다.

3 | 리듬 체조에서 공간 의미 및 공간 창출 능력

리듬 체조는 순발력과 유연성 등을 보여주는 전신운동이다. 리듬 체조에서 사용되는 리본, 후프, 곤봉, 볼, 네 개의 기구들은, 선수의 팔 길이가 길수록, 기구를 쥘 수 있는 손의 크기가 클수록 그렇지 않은 상태보다 유리하다. 또한 짧은 시간 동안 빠른 스핀을 행한 후 빨리 몸에 평형을 찾아야 공중에 던졌던 기구를 바로 잡아낼 수 있으므로 빠른 스핀을 할 수 있도록 몸이 가볍고 표면적이 작아야 한다. 신체의 움직임을 극대화하는 동작들로 신체의 미적 감각을 보여 주어야 하기 때문에 살이 붙은 몸보다는 마르고 단단한 몸이 표현하기에 적합하다. 그래서 리듬 체조 선수들의 대부분이 키에 비해서 매우 마른 몸무게를 보유하고 있다. 또한 높은 기구를 받아내고 던져야하기 때문에 키가 클수록 유리하다. 에너지 보존법칙에 따라 위치에너지가 높은 상태에서 기구를 던질 경우 공중에 똑같은 높이만큼 던지고 받아낼 때, 운동에너지가 훨씬 작아지므로 기구에 속력이 붙어 이탈하는 것을 방지할 확률이 크기 때문이다. 그래서 리듬체조 선수들의 평균키가 170cm정도가 되며, 메달리스트들은 170cm을 넘는 선수들이 많다.

4 | 개별 선수

1 마르가리타 마문 선수

마르가리타 마문 선수는 리우 올림픽 금메달리스트로 키 170cm, 몸무게 50kg이다. 몸무게는 다른 선수들과 비슷하지만 키는 같은 메달리스트인 다른 선수들에 비해 조금 작은 편이다. 그럼에도 불구하고 그녀가 좋은 성적을 낼 수 있었던 것은 '높은 점프력'에 있다. 점프를 하는 각도와 높이가 경쟁 선수들에 비해서 매우 높고 우수하며 심지어 고득점을 딸 수 있는 '백 밴드'가 들어간 점프를 잘 구사하기 때문에 점프를 통해 가산점을 챙긴다. 특히 백 밴드 링인 상태에서 점프를 할 수 있는 기술은 전 세계에서 마문만이 유일하고, 가산점이 0.5점으로 일반 가산점에 비해 0.1점이 더 높다. 마문은 평발을 가지고 있어 코치들로부터 'foot point' 동작을 더 크게 요구받았다고 했다. 평발이기 때문에 다른 선수들과 똑같은 동작을 했을 때 훨씬 자세를 유지하기가 어렵고 모양이 예쁘게 나오지 않기 때문이었다. 그러나 마문은 자신의 발끝에 까지 유연성을 넣는 동작을 많이 연습했고 그녀의 경기에서는 오히려 발을 이용해 후프를 조작하거나 볼을 발로 조작하면서 손으로 받는 동작들이 많이 드러난다.

네 종목 중 마문이 가장 힘겨워하는 종목은 리본 경기이다. 리본이 가끔 엉켜버려 실점을 하기 때문이다. 앞에서 리본에서 유리한 조건이 팔 길이가 긴 경우였는데, 마문의 경우 팔이 특별히 짧은 것은 아니지만 경쟁 선수들보다 키가 작아서 인체비율에 따라 다른 선수들에 비해 리본으로 그리는 원의 지름이 작다. 팔 길이의 3cm 차이가 어깨를 중심으로 하는 원을 그렸을 경우 5-6cm정도의 원의 지름의 차이를 발생시킨다. 그리하여 리본으로 만들어내는 원의 둘레가 5π가 차이난다고 가정하면 다른 선수들보다 16cm정도의 리본이 더 작게 쓰이므로 그만큼 리본이 엉킬 수 있는 확률이 더 추가된다. 그럼에도 엄청난 노력으로 이를 극복하고 세계 정상에 올랐다.

2 손연재 선수

손연재 선수는 리듬 체조의 세계적인 선수로, 뛰어난 공간 활용 능력과 창의적인 상상력, 그리고 그를 바탕으로 한 기술적인 완성도가 돋보인다. 리듬 체조는 동작의 미학, 유연성, 리듬감, 공간 활용 등을 결합한 스포츠로, 선수는 자신이 움직이는 공간을 자유롭게 창조하고, 그 안에서 기술을 완성해야 한다. 손연재 선수는 이러한 요소들을 탁월하게 활용하며 리듬 체조의 새로운 가능성을 열어왔다. 공간활용, 공간 상상력과 창출능력, 창조적 공간 활용의 사례를 알아보고자 한다.

첫째, 공간 활용의 중요성으로, 리듬 체조에서 공간 활용은 매우 중요한 요소이다. 선수는 작은 무대에서 큰 동작을 하면서도 그 동작이 완벽하게 공간에 배치되도록 해야 한다. 그녀는 좁은 공간을 얼마나 효율적이고 아름답게 활용할 수 있는지를 보여주었다. 그녀는 리본, 볼, 후프, 클럽 등을 사용하며 각 기구가 공간에서 어떻게 흐르고, 어떻게 이 공간을 창출할 수 있는지 뛰어난 감각으로 표현했다. 구체적으로 그녀의 공간 활용을 살펴보면, 리듬 체조 기구의 다채로운 활용으로 그녀는 리본, 볼, 후프, 클럽 등 다양한 기구를 다룰 때, 그 기구가 공간 안에서 어떻게 움직이고, 어떻게 자신만의 "선"과 "형태"를 만들어낼지를 세밀하게 고려했다. 예를 들어, 리본을 사용할 때는 리본이 그리는 선이 얼음 위에서 "공간"을 만들어내는 방식으로 동작을 전개했으며, 이 리본의 움직임과 동작의 배치가 매우 중요했다. 몸의 선을 활용한 공간 창출로, 그녀는 자기 몸의 유연성과 리듬을 통해 공간을 창출한다. 특히 몸의 곡선과 직선, 회전 등을 잘 활용하여 동작의 흐름을 자연스럽게 이어가면서, 그 공간이 전체적인 프로그램을 통해 계속해서 이어지도록 만들었다. 그녀는 작은 공간에서 시작해 점차 넓은 공간으로 확장되거나, 큰 공간을 통해 동작을 세밀하게 배치하여 프로그램에 "입체감"을 부여했다.

둘째, 공간 상상력과 창출 능력에 관한 것으로, 리듬 체조는 단순한 기술을 넘어, 공간을 상상하고 창출하는 능력이 중요하다. 그녀는 프로그램을 만들 때마다, "공간을 상상"하고 그것을 동작으로 표현하는 데 뛰어난 능력을 보였다. 그녀는 기술적인 난도를 높이면서도 동작의 흐름을 깨지 않도록 하고, 공간을 변화시키며 감동을 선사할 수 있는 프로그램을 창조해냈다. 그녀의 공간 상상력을 보면, 기구를 통한 공간 창출로, 그녀는 리본, 볼, 후프 등 기구를 사용하여 공간을 창출하는 데 뛰어난 능력을 보여주었다. 예를 들어, 리본을 한 손에 잡고 넓은 공간을 그리면서 몸의 회전과 리본의 흐름을 연결하여 "공간의 시각적 흐름"을 만들었다. 이는 공간을 상상하고, 그 공간을 동작으로 채워가는 능력을 보여준다. 음악과의 결합으로서는, 리듬 체조에서 음악은 중요한 역할을 한다. 그녀는 음악의 리듬과 감정에 맞춰 동작을 구성하면서 공간을 창조했다. 음악이 제공하는 감정의 변화를 공간의 크기와 형태로 바꾸어, 프로그램을 통해 시각적, 감정적 효과를 극대화했다. 이 과정에서 그녀는 "음악이 주는 공간"을 몸의 동작으로 표현하는 뛰어난 상상력을 발휘했다.

셋째, 창조적 공간 활용 예시를 들어보자. 그녀는 프로그램마다 공간을 어떻게 채우고, 그것을 어떻게 창출할 것인지에 대해 깊은 고민을 하였다. 그녀의 프로그램에서 중요한 점은 기술적인 완성도와 함께 공간을 창의적으로 활용하는 방식이다. 그 예로서, 2016 리우 올림픽 리듬 체조 경기에서 그녀는 올림픽 리듬 체조 종목에서 매우 독특한 공간 활용을 보여주었다. 리본을 활용한 동작에서, 리본의 선이 공간을 가르며 그 자체로 이야기를 만들었고, 몸의 곡선과 리본의 선을 동시에 활용하여 감동적인 표현을 만들어냈다. 이 프로그램에서는 공간을 어떻게 창출하고 이어갈 것인지에 대한 깊은 고찰이 드러났다. 다음으로, 클럽이나 후프를 사용할 때 그녀는 기구의 움직임을 더욱 자연스럽고 동적인 흐름을 갖도록 만들었다. 그녀는 기구와의 상호작용을 통해 자신의 동작을 유기적으로 연결하고, 그 동작이 얼음 위에서 어떤 형태로 공간을 변화시킬지에 대해 뛰어난 창의력을 발휘했다.

이들을 종합적으로 살펴보면, 손연재 선수는 리듬 체조에서 공간을 창출하고, 그 공간을 유기적으로 활용하는 능력을 통해 독특한 스타일을 구축했다. 그녀의 뛰어난 공간 상상력과 창의적 동작 배치는 리듬 체조의 예술성과 기술적 난이도를 완벽하게 결합했다. 그녀가 창조해낸 프로그램에서 공간의 흐름과 기구의 상호작용은 단순히 기계적인 움직임을 넘어, 시각적이고 감정적인 아름다움을 선사하며, 그녀의 독보적인 리듬 체조 세계를 완성하게 했다.

06

기계 체조

06 기계 체조

개별선수
양학선, 여서정

1 | 경기규칙

기계 체조(器械體操, 문화어: 예술체조)는 기계를 사용하는 모든 예술적 체조를 칭한다. 근력, 지구력, 유연성, 민첩성, 평형감각을 이용해 제한 시간 내에 많은 기술을 사용해야 하며 미적 표현력을 가지고 아름다운 기술을 뽐내야 한다.

남자는 마루운동, 안마, 링, 도마, 평행봉, 철봉의 6종목으로 구성되어 있고, 여자는 도마, 이단평행봉, 평균대, 마루운동의 4종목으로 구성되어 있다. 종목별 경기와 함께 이를 바탕으로 한 단체종합과 개인종합으로 나뉜다.

고대 이집트에서 시작했으나 현대적 의미의 기계 체조는 1896년 하계 올림픽에서 시작했고 그 후 국제올림픽위원회(IOC)의 주관으로 4년마다 개최하는 국제 스포츠대회인 올림픽의 한 종목으로 자리 잡고 있다. 또한 올림픽이 개최되는 연도를 제외하고 매년 국제 체조 연맹(FIG)이 주관하는 세계 체조 선수권대회를 개최하고 있다. 그 밖에 2년마다 개최되는 하계 유니버시아드 대회의 한 종목으로도 존재한다.

2 | 경기장 재원

뜀틀은 길이 95–105cm, 높이 135cm(여자는 110cm)이며, 남자는 뜀틀을 세로로, 여자는 가로로 놓고 실시한다. 마루 경기 선수들은 헝겊으로 덮인 국제 체조 연맹에서 공인규격으로 인정되고 있는 사방 12m 길이의 탄력을 가진 마루 위에서 여러 가지 동작을 연기한다.

남자 종목부터 살펴보자. 안마 경기는 현재 국제체조 경기에서 사용하는 안마는 겉에 가죽이 씌워져 있으며, 길이가 1.6m, 폭이 34~36cm이고 한가운데의 받침대를 포함해 바닥에서 꼭대기까지의 높이가 약 110cm이며 구부러진 나무로 만든 높이 12cm의 손잡이(안장머리) 2개가 말(안마) 위에 40~45cm의 간격을 두고 끼워 있는 것을 원칙으로 한다. 링 경기에서 링은 굵기가 28mm인 나무로 만들어져 있으며 링의 안쪽 지름은 18cm이다. 현재 국제 경기에서 사용하고 있는 2개의 링은 바닥에서 5.5m 높이에서 늘어져 있는 가죽 끈에 매달려 있는데, 링 자체의 높이는 마루에서 2.5m이고 링 사이의 간격은 50cm로서 국제체조연맹에서 공인규격으로 인정한 것이다. 평행봉 운동은 팔로 지지한 상태에서 진동을 이용한 동작과 또는 매달린 상태에서의 진동을 이용한 동작을 통해서 행하여진다. 42~48cm의 간격을 두고 나란히 세워져 있는 2개의 나무봉은 절단면이 지름 5cm의 타원형이며, 길이 3.5m, 높이 1.7m로서 국제 체조 연맹에서 공인규격으로 인정한 것이다. 봉의 높이와 폭은 경우에 따라 조정이 가능하다. 철봉 경기는 세계 체조 협회에서 1975년 1월 1일에 규정한 철봉은 광택이 나는 강철로 되어 있으며 지름 2.7cm, 길이 2.35~ 2.5m이고, 높이는 바닥에서 약 2.5m으로서 계속 사용하고 있다.

다음은 여자 종목을 살펴보자. 이단평행봉은 국제 체조 연맹에 의하여 규정된 기구는 높은 봉의 높이가 마룻바닥으로부터 2.3m, 낮은 봉의 길이가 1.5m라는 점을 제외하고는 그 크기와 구조가 남자체조에 사용되는 평행봉과 같다. 평균대는 국제 체조 연맹에 의하여 규정된 기구는 나무로 된 대로 길이 5m, 너비 10cm 규격이며 높이는 120cm이다.

3 | 체조 경기에서 공간 의미 및 공간 창출 능력

체조 경기 속의 공간의 의미를 살펴보자. 체조에서는 인간의 몸을 활용하여 연속적인 원을 만드는 능력과 아름다움과 조화를 이루는 능력을 함께 평가한다. 아름다운 원을 만드는 것은 물리적 공간을 최대한 많이 활용하는 기술과 관련된다. 도마에서는 도마 위에 손을 짚고 공중으로 올라 연속적인 회전으로 아름다운 원을 그리기 위해서는 공간을 가장 잘 이용하고, 착지할 때 최소한의 공간, 즉 가장 수직적인 자세로 움직이지 않고 착지하는 능력을 말한다. 즉 도마 위에서 가장 적은 궤적을 그리면서 공간을 많이 활용하는 능력, 내리면서는 가장 적은 공간을 활용하는 능력과 관계된다.

4 | 개별 선수

1 양학선 선수

2012 런던 올림픽, 착지와 함께 탄성이 터져 나왔다. 대한민국 사상 첫 체조 금메달이 결정되는 순간이었다. 바로 양학선 체조 선수의

얘기이다. 2012 런던 올림픽에서 기존에 없던 고난도 신기술을 선보이며 대한민국 체조의 무한한 가능성을 보여주는 계기가 되었다.

기계 체조 도마 종목에서 공간 지배력의 핵심 요소를 알아보자. 첫째, 강한 도약과 공중에서 머무는 시간 확보로서, 도마 종목은 달려와 발판을 밟고 도마를 짚으며 도약하는 방식이다. 선수의 도약력은 공중에서 수행할 수 있는 회전과 비틀기의 개수를 결정한다. 둘째, 공중에서의 회전·비틀기 조합으로서, 도마 기술은 뒤로 도는 회전과 몸을 비트는 비틀기의 조합으로 구성된다. 회전과 비틀기의 균형을 맞추면서 공중에서 완벽한 자세를 유지하는 공간적 감각이 필요하다. 셋째, 착지 시 중심 이동과 공간 감각으로서, 체조 도마 종목에서 공중 동작만큼 중요한 것이 착지 순간의 공간 제어 능력이다.

그는 공간을 창출하고 적극적으로 활용하는 대표적인 체조 선수이다. 그의 공간 지배력을 구체적으로 분석하면 다음과 같다. 첫째, 폭발적인 도약으로서 공간 확장이다. 그의 가장 큰 특징은 강력한 도약력이다. 일반적인 도마 기술보다 더 높은 체공 시간을 확보하면서, 공중에서 추가적인 회전과 비틀기를 수행할 수 있는 공간을 창출한다. 이는 공간을 극한으로 활용하는 능력을 보여주는 대표적인 사례이다.

둘째, '양 1' 기술을 통한 공간 활용 혁신을 들 수 있는데, '양 1' 기술은 그가 개발한 세계 최고 난도의 도마 기술로서, "공중에서 두 바퀴(720도) 회전하면서 세 바퀴(1080도) 비틀기"로 요약되며, 이 기술을 수행하기 위해서는, 더 높은 공간을 확보해야 하고, 빠른 회전과 비틀기를 동시에 수행하며, 공중에서 자세를 정확히 제어해야 한다. 기존 선수들은 공간 활용의 한계를 극복하지 못해 이 기술을 수행할 수 없었지만, 그는 도약력과 공간 지배력을 극대화하여 이를 성공시켰다.

셋째, 공중 동작에서 미세한 균형 조정으로서, 일반적인 체조 선수들은 공중에서 회전하는 동안 자세를 유지하기 어렵지만, 그는 비행 중에도 신체를 정밀하게 제어하는 능력을 갖췄다. 이는 공간 감각과 신체 제어력이 뛰어난 선수만이 할 수 있는 일이다.

넷째, 착지 공간에서의 균형감각으로서, 강한 도약과 빠른 회전 후 착지를 수행할 때, 조금이라도 균형을 잃으면 바닥에 손을 짚거나 넘어지게 된다. 하지만 그는 공중에서 회전과 비틀기를 마친 후, 착지 시 무게 중심을 정확히 맞추는 능력을 보유하고 있다. 이는 공간을 정밀하게 인식하고, 자신이 착지할 위치를 미리 계산하는 능력을 의미한다.

이러한 관점들을 종합 정리하면, 양학선 선수는 도마 종목에서 공간을 창출하고 지배하는 능력이 뛰어난 선수로, 강한 도약, 정밀한 공중 동작, 빠른 공간 인식, 정확한 착지를 통해 기존 체조 기술의 한계를 뛰어넘고 새로운 공간 활용법을 만들어냈다. 특히, 그의 '양 1' 기술은 단순한 체조 기술이 아니라, 체조에서 공간을 활용하는 방식 자체를 바꾼 혁신적인 사례이다. 이처럼, 그는 공간을 지배하는 스포츠 스타의 대표적인 사례이며, 기계 체조에서 공간을 창조하는 방식의 본질을 보여주는 선수이다.

2 여서정

기계 체조는 공간을 창출하고 활용하는 스포츠의 정점이다. 선수들은 자기 신체를 이용해 공중에서 회전하고 착지하며, 주어진 공간을 완벽히 이해하고 제어해야 한다. 이에는 첫째, 도약과 공간 창출로서, 기계 체조에서 점프는 선수의 초기 운동에너지를 공중 동작으로 변환하는 과정이며, 특히 도마 종목에서는 출발 속도, 발 구름(발판을 차고 뛰는 순간), 도약 각도가 공간 활용에 결정적인 영향을 미친다. 둘째, 공중 동작과 공간 예측으로서, 체조 선수들은 공중에서 자기 신체가 지나갈 궤적을 정확하게 예측해야 한다. 회전과 뒤집기, 비틀기 등의 동작은 회전축을 어떻게 설정하느냐에 따라 공간 내에서 다른 결과를 만들어낸다. 셋째, 착지와 공간 감각으로, 도마에서 가장 중요한 것은 공중 기술 후 안정적인 착지이다. 착지 공간은 한정적이며, 회전과 도약의 모든 힘을 정확히 제어해야 넘어지지 않고 착지할 수 있다.

여서정 선수의 공간 지배력에 대해 알아보자. 그녀는 도마 종목에서 자신만의 기술(여 2, 여 3 등)을 창출하며 공간을 적극적으로 활용하는 대표적인 선수이다. 그녀의 특징적인 공간 지배력을 보면 다음과 같다. 첫째, 강한 도약을 통한 공간 활용 극대화로서, 도마 기술의 핵심은 출발 속도와 도약인데, 그녀는 빠른 질주와 강한 발 구름으로 기존 선수들보다 더 높은 공간을 확보하여, 더 많은 회전과 트위스트를 가능하게 만든다. 둘째, 회전과 비틀기의 정밀한 공간 제어로서, 그녀가 개발한 '여 2', '여 3' 기술은 공중에서의 회전과 비틀기를 최적화한 기술이다. 특히 '여 2'는 도마에서 뒤로 두 바퀴 회전하면서 720도(2바퀴) 비틀기를 수행하는 기술이다. 이 기술에 성공하기 위해서는 회전축을 일정하게 유지하며, 공중에서 몸을 접고 펴는 타이밍을 정확히 계산하는 능력이 필요하다. 셋째, 착지 시 공간 감각과 중심 이동 능력으로서, 공중에서 빠른 회전이 끝나면 착지 공간을 빠르게 인식하고 중심을 맞춰야 하는데, 그녀는 공중에서 몸의 자세를 미세 조정하여, 착지 시 균형을 잃지 않도록 공간을 활용한다. 넷째, 새로운 기술 창출을 통한 공간 혁신 측면으로, 그녀는 기존 도마 기술을 단순히 수행하는 것이 아니라, 더 높은 난도의 기술을 창조하며 체조 공간을 확장하는 선수이며, 특히 '여 2'는 체조 기술의 새로운 기준이 되었으며, 이는 공간을 적극적으로 창조하고 지배한 결과라 볼 수 있다.

이들을 종합해서 본다면, 여서정 선수는 도마 종목에서 공간을 창출하고 지배하는 능력이 뛰어난 선수이다. 그녀는 강한 도약, 정교한 공중 동작, 빠른 공간 인식, 정확한 착지를 통해 체조 공간을 새롭게 개척하고 있다. 특히, 그녀의 기술 '여 2'는 단순한 체조 기술이 아니라, 체조 경기에서 공간을 활용하는 방식을 바꾼 혁신적인 사례이다. 이처럼, 그녀는 공간을 지배하는 스포츠 스타의 대표적인 사례이며, 기계 체조에서 공간을 창조하는 방식의 본질을 보여주는 선수이다.

07

스피드 스케이팅

1. 경기규칙
2. 경기장 재원
3. 스피드 스케이팅에서 공간 의미 및 공간 창출 능력
4. 개별 선수

07 스피드 스케이팅

개별선수
이상화, 모태범

1 | 경기규칙

얼음판 위에서 스피드 스케이트를 타고 속도를 겨루는 경기로, 빙상 경기의 가장 기본적인 스포츠이며 '빙속'이라고도 불린다.

팀 추월과 매스스타트를 제외한 전 경기는 세퍼릿 코스로 진행된다. 한 바퀴를 돌 때마다 인-코스와 아웃-코스를 바꿔서 달려야 하는 구간이 있으며 구별 및 판정을 위해 개인종목에서는 흰색과 빨간색, 팀 추월에서는 선수별로 다른 색깔의 완장을 찬다. 규칙과는 별개로 선수가 어느 정도로 빠른지 판단하는 기준은 400m트랙 한 바퀴를 평균 30초 기준 몇 초 내에 도느냐로 판단한다.

2 | 경기장 재원

스피드 스케이팅 트랙의 표준규격은 일주 거리 400m에 각각 너비 5m의 이중 활주로(인-코스와 아웃-코스)를 갖춘 타원형이며, 타원형의 양 끝은 반경 25~26m로 180도의 곡선을 이룬다.

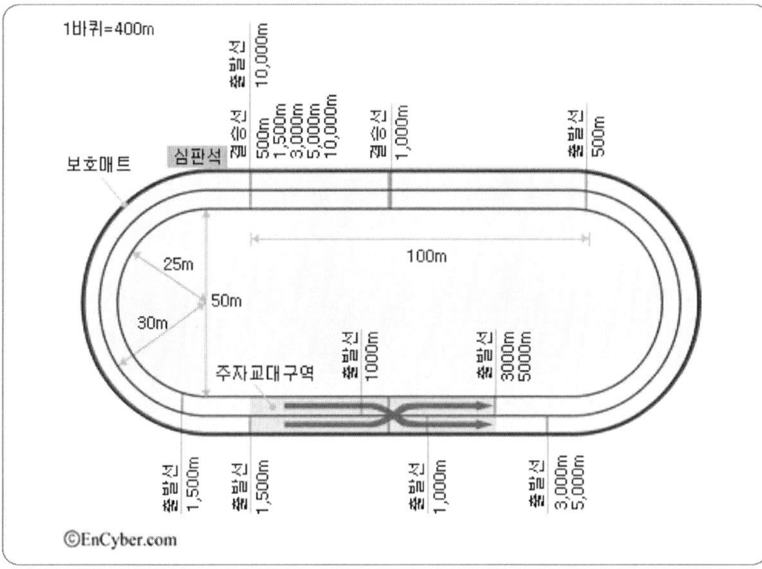

스피드 스케이팅의 모든 경기는 한 바퀴 돌 때마다 교차구간이 있는데, 인-코스를 탄 선수는 다음 바퀴에서 아웃-코스를, 아웃-코스를 탄 선수는 다음 바퀴에서 인-코스를 타야 한다. 두 선수가 교차구간을 지날 때 서로 레인을 바꿔서 달리는 것이다. 교차구간에서는 직선 구간을 대각선으로 통과하는데, 이 거리까지 계산해서 한 바퀴가 400m가 되도록 경기장을 설계한다.

- 직선 구간 = 112m
- 안쪽 레인의 곡선 구간 = 반지름이 26m인 반원의 길이 = $(2\pi \times 26) \times 12 = 81.68$m
- 바깥 레인의 곡선 구간 = 반지름이 30m인 반원의 길이 = $(2\pi \times 30) \times 12 = 94.25$m
- 교차구간의 길이 = 밑변(직선구간)112m, 높이(레인의 폭) 4인 직각삼각형의 빗변의 길이 = 1122 + 42 = 112.07m

3 | 스피드 스케이팅에서 공간 의미 및 공간 창출 능력

스피드 스케이팅에서는 신체적 능력 중 특히 어느 부분을 필요로 할까?. 속도를 겨루는 경기로서 순발력·가속도·근지구력·민첩성이 있어야 한다. 스피드 스케이팅은 최대의 마찰력을 얻을 수 있도록 낮은 자세에서 스케이트의 뒤꿈치 부분으로 빙면을 차면서 폭발적인 힘으로 무릎 관절을 폄과 동시에 신체 중심을 전방으로 빠르게 이동하는 동작이 연속하여 이루어져야 한다. 특히, 푸시오프와 글라이딩 동작을 위하여 강한 허벅지 근육과 함께 빠르게 팔을 흔들 수 있는 강한 어깨, 다리를 지속적으로 끌어올리고 밀 수 있는 강한 하복근이 필요하므로 전신 근력을 강화하여야 한다.

스피드 스케이팅을 좀 더 알아보자. 이 경기는 보통 2인 1조로 경기가 진행되며, 선수가 어느 정도로 빠른지 판단하는 기준은 400m 트랙 한 바퀴를 평균 30초 기준 몇 초 내에 도느냐로 판단한다. 스피드 스케이팅의 평균 속도는 52~54km/h로, 해발고도가 높은 경기장일수록 좋은 기록이 탄생한다. 이는 고도가 높으면 공기의 밀도가 낮아져 저항이 줄어들기 때문이다. 그래서인지 2020년 현재, 해발고도가 높은 미국 솔트레이크시티, 캐나다 캘거리에 있는 경기장에서 모든 세계신기록이 나왔다.

스피드 스케이팅은 정해진 트랙을 빠르게 주행하는 스포츠지만, 단순한 직선 질주가 아니라 공간을 어떻게 활용하고 창출하느냐가 기록과 경기 결과에 큰 영향을 미친다. 스피드 스케이팅의 공간 활용의 핵심 요소로는 첫째, 코너링 기술로서 곡선 구간에서는 원심력이 작용하므로, 이를 최소화하면서 최단 거리로 빠르게 통과하는 것이 중요하다. 무게 중심을 낮추고, 안쪽 스케이트에 힘을 실어 최대한 짧은 거리로 코너를 돌면 속도를 유지할 수 있다. 둘째, 최적의 주행 라인 선택으로 링크의 바깥쪽에서 안쪽으로 들어오는 '이상적인 주행 라인'을 그려야 한다. 너무 안쪽으로 붙으면 균형을 잃기 쉽고, 너무 바깥쪽으로 돌면 거리 손실이 크다. 자신의 주행 리듬과 피로도를 고려해 최적의 라인을 설정하는 것이 중요하다. 셋째, 공기 저항 최소화로서 최대 속도를 유지하려면 공기 저항을 줄이는 자세가 필수이다. 상체를 숙이고, 팔을 뒤로 모아 불필요한 공기 저항을 줄이는 '기본자세'가 중요한 이유이다.

다음은 공간 창출 능력으로 스피드 스케이팅은 이미 정해진 트랙에서 경쟁하는 스포츠지만, 경기 흐름에 따라 '새로운 공간'을 창출하는 전략도 필요하다. 이를 위해 추월 공간 만들기로서 상대보다 빠르게 가기 위해서는 단순한 직선 속도뿐만 아니라 '추월할 공간'을 만들어야 한다. 특히, 매스-스타트 같은 경기에서는 좁은 공간에서 몸을 최대한 낮추고 순간적인 가속을 활용해 추월 공간을 확보해야 한다. 다음은 레이스 흐름 제어로서 상대 선수들의 움직임을 예측하고, 자신의 페이스를 조절하며 트랙을 넓게 활용하는 것이 중요하다. 예를 들어, 상대보다 바깥쪽에서 출발했다면, 곡선 구간에서 안쪽으로 파고들어야 유리한 위치를 선점할 수 있다.

① 종목

개인 경기의 세부 종목은 남녀 모두 500m, 1000m, 1500m, 3000m 모두 4개의 종목을 이루고 있다.

② 선수구성

500m와 1000m는 한 조에 4명의 선수가 출전하는 반면 1500m와 3000m는 6~8명의 선수가 출전한다.

③ 스케이트화

쇼트트랙 경기에서는 빠른 속도도 중요겠지만 직선 주로보다 곡선 주로가 길어서 코너링 기술이 중요하다. 그래서 스케이트화 역시 안으로 미세하게 날이 휘어지고 바닥은 굴곡이 있는 것을 신는다. 또한 뒤따르는 선수의 안전을 위해 뒷날의 끝은 지름 5mm 이상으로 둥글게 깎여 있어야 한다.

스케이트의 원리는 직선 주로에서 최고 속력을 내야 하는 스피드 스케이팅의 경우 선수들은 얇고 긴 날이 달린 스케이트를 신는다. 또 얼음판에 닿는 날의 면적이 고르게 넓어야 차는 힘이 강해지므로, 중심보다 왼쪽에 치우쳐져 있는 쇼트트랙 스케이트의 날과는 달리 평평하다. 1000미터 경기에서 출발선이 다른 이유는 무엇일까. 스피드 스케이팅의 1000미터 경기에서는 아웃-코스 선수가 조금 앞에서 출발한다. 그 이유는, 직선 구간에서는 상관없지만, 곡선 구간에서는 아웃-코스와 인-코스의 길이가 달라지기 때문이다. 지름이 달라지면 원의 둘레도 달라지는데, 아웃-코스의 지름이 인-코스보다 길어서 그만큼 레인의 길이가 길어진다. 그래서 아웃-코스를 도는 선수는 인-코스와의 거리 차인 12.57m만큼 앞에서 출발한다.

스피드 스케이팅의 기본 동작에 대해서 알아보면 무릎을 굽혀 자세를 낮추었다가 무릎을 펴면서 스케이트 날(블레이드)이 빙면을 밀어내도록 하여 앞으로 나아가는 푸시오프(push off) 동작과 그 힘으로 빙면을 활주하는 글라이딩(gliding) 동작을 반복한다.

스피드 스케이팅은 최대의 마찰력을 얻을 수 있도록 낮은 자세에서 스케이트의 뒤꿈치 부분으로 빙면을 차면서(kicking) 폭발적인 힘으로 무릎 관절을 폄과 동시에 신체 중심을 전방으로 빠르게 이동하는 동작이 연속하여 이루어져야 한다.

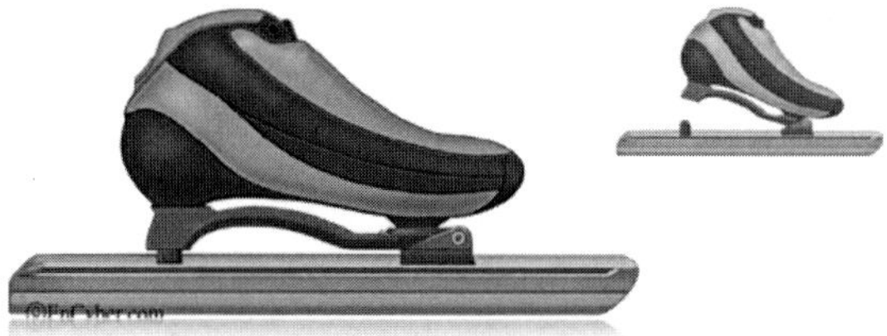

스피드 스케이팅에 쓰이는 스케이트는 다른 빙상 종목에 비해 날이 길고 직선으로 곧게 뻗어 있다. 최근에는 기록 향상을 위해 많은 선수들이 클랩 스케이트(clab skate)를 이용한다. 그것은 얼음판을 지칠 때 뒷날과 신발굽이 분리되는 첨단 스케이트다.

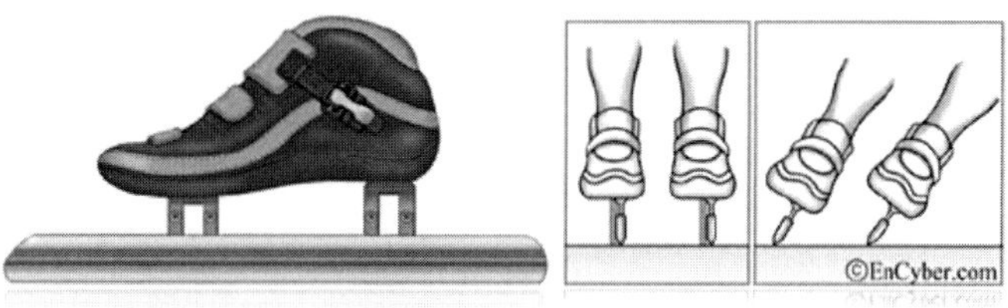

(쇼트트랙)스케이트의 구조는 스피드용 스케이트와 날의 위치가 코너워크를 쉽게 하려면 중심선에서 왼쪽으로 치우쳐 있는 것을 알 수 있다.

④ 최고의 경기장 환경

스피드 스케이팅은 큰 추진력을 내기 위해 표면온도를 영하 6℃~7℃로 한다. 경기장 실내는 선수의 컨디션과 관람객을 위해 18℃로 난방한다.

4 | 개별 선수

1 이상화 선수

2018 평창 동계 올림픽에서 500m와 1000m 출전을 확정 지었으나 500m에 집중하기 위해 1000m 출전을 포기했다. 하지만 고다이라 나오에게 밀려 아쉽게 500m 은메달을 차지했다. 이상화가 출전한 3번째 올림픽에서 아시아 스케이터 최초로 여자 스피드 스케이팅 500m에서 올림픽 3연속 메달을 목에 거는 쾌거를 이뤘다. 그녀는 이러한 성적을 얻은 노력의 결과로 허벅지 21인치를 가지고 있다. 이는 마른 여성 허리둘레와 비슷한 수준이며 굉장한 운동량을 보유함을 알 수 있다. 안정된 자세를 견지하여 바람을 이겨내는 그러한 공간, 코너를 돌 때 자연스럽게 균형과 속도를 유지하는 비결, 곧 스피드 스케

이팅에서 요구하는 그러한 공간을 잘 이해하고 활용하는 능력이 매우 높았다고 할 수 있다.

이상화 선수는 단거리(500m)에서 세계 최정상의 스프린터로 활약하며, 공간 활용 능력에서 매우 뛰어난 특징을 보였다. 첫째, 코너링 공간 활용으로 그녀는 코너에서 완벽한 기울기와 속도 유지로 최단 거리 주행을 실현했다. 보통 코너에서 속도가 줄어드는 것이 일반적이지만, 그녀는 코너에서도 직선 구간과 거의 같은 속도를 유지하며 기록을 단축했다. 둘째, 출발 후 가속 구간에서의 공간 창출로서, 500m 레이스는 출발이 가장 중요한데, 그녀는 초반 100m 구간에서 폭발적인 가속력을 바탕으로 공간을 빠르게 장악했다. 흔히 '출발에서 승부가 난다'고 할 정도로, 초반 100m를 누구보다 빠르게 달려 경쟁자들이 따라오지 못하게 했다. 그녀의 짧고 강력한 스케이팅 스트로크는, 최소한의 공간에서 최대한의 속도를 내도록 설계된 기술이었다. 셋째, 직선 주행에서의 공기 저항 감소로서, 그녀의 상체 자세는 매우 낮고, 공기 저항을 최소화하는 형태였다. 많은 선수가 피로할 때 상체가 들리지만, 그녀는 마지막까지 낮은 자세를 유지하며 속도를 끝까지 유지했다. 즉, 공간을 수직적으로 활용하여 최대한 공기 저항을 줄이는 방식으로 경기를 운영했다.

이들을 종합하면, 스피드 스케이팅에서 공간 활용은 단순한 주행 기술이 아니라 최적의 경로를 찾고, 가속과 균형을 유지하며, 상대와의 경쟁 속에서 유리한 공간을 창출하는 과정이다. 그녀는 코너에서 최단 거리 주행을 실현하고, 출발 구간에서 강력한 가속으로 공간을 선점하며, 낮은 자세로 공기 저항을 줄이는 전략적인 공간 활용을 통해 세계 정상에 올랐다. 그녀의 레이스는 완벽한 공간 활용과 창출의 예술이라고 할 수 있다.

2 모태범 선수

모태범 선수는 2010년 밴쿠버 동계올림픽 남자 500m에서 금메달을 차지하며 대한민국 스피드 스케이팅 역사상 최초의 올림픽 스프린트 금메달리스트가 되었다. 그의 공간 활용 방식을 구체적으로 알아보면 다음과 같다. 첫째, 출발 구간에서의 공간 장악력으로, 단거리 경기에서 출발은 매우 중요한데, 그는 강력한 초반 가속력과 추진력을 바탕으로 빠르게 공간을 선점했다. 폭발적인 첫 스텝으로 스프린트 종목에서는 첫 100m의 속도 확보가 승부를 결정짓는다. 그는 출발에서 강한 하체 힘을 이용해 빠르게 트랙을 점유하고, 후반부까지 리드를 유지하는 전략을 사용했다. 넓은 보폭과 빠른 속도 조절로 폭발적인 힘을 활용하면서도 보폭과 스트로크를 효율적으로 배분해, 직선 구간에서 공간을 길게 활용하는 방식이 특징적이었다.

둘째, 직선 주행에서의 공간 활용으로서, 그는 직선 구간에서 다른 선수들보다 안정적인 주행 라인과 낮은 자세를 유지하며 공기 저항을 줄였다. 낮은 무게 중심의 유지로 단거리 경기에서는 자세가 높아질수록 공기 저항이 증가해 속도가 줄어든다. 그는 끝까지 낮은 자세를 유지하며 공간을 효율적으로 활용했다. 균형 잡힌 상체 움직임으로는 팔의 불필요한 움직임을 최소화하고, 추진력을 극대화하는 자세를 유지해 직선 구간에서 속도를 유지하는 능력이 뛰어났다.

셋째, 코너링에서의 공간 창출로서 단거리 종목에서는 코너에서 속도를 유지하는 것이 매우 중요하다. 그는 코너에서 완만한 곡선을 그리며 최단 거리로 이동하는 전략을 사용했다. 곡선 주행 중에도 큰 흔들림 없이 안정적으로 코너를 돌면서 속도를 최대한 보존했으며, 특히 바깥쪽 다리의 강한 지지력을 활용하여 이상적인 주행 라인을 유지했다.

넷째, 후반 100m에서의 공간 활용으로 단거리 경기는 초반 폭발적인 가속 이후, 후반 100m에서의 속도 유지가 중요하다. 그는 후반부까지 피로가 누적되는 상황에서도 스트로크 리듬을 유지하며 속도를 극대화했다. 경쟁자들과의 거리 차이를 확인하면서, 최적의 공간을 선택해 직선 주행을 마무리하는 능력이 탁월했다.

결론적으로 모태범 선수의 공간 활용 방식의 특징은 출발에서 강한 가속으로 공간을 장악, 직선 구간에서 낮은 자세와 균형 잡힌 주행으로 속도를 유지, 코너에, 최단 거리 주행을 실현하며 속도 손실을 최소화, 후반 100m에서도 리듬을 유지하며 공간을 끝까지 활용을 들 수 있다. 그는 출발에서 폭발적인 힘을 바탕으로 공간을 선점하고, 직선과 코너에서 안정적인 자세를 유지하며 공간을 효과적으로 활용하는 방식으로 세계 최고의 자리에 올랐다.

참고로 과학적 자료와 지도자, 선수가 혼연일체가 되어 공간에 대한 실험 및 실행으로 한 실례를 자세히 살펴보자. 모태범이 훈련하는 과정에서, 우리나라 대표 팀은 출발할 때 내딛는 스케이트 날의 각도를 정면에서 50~60벌리면 가속도를 최대로 올릴 수 있다는 점을 분석해 내었다.

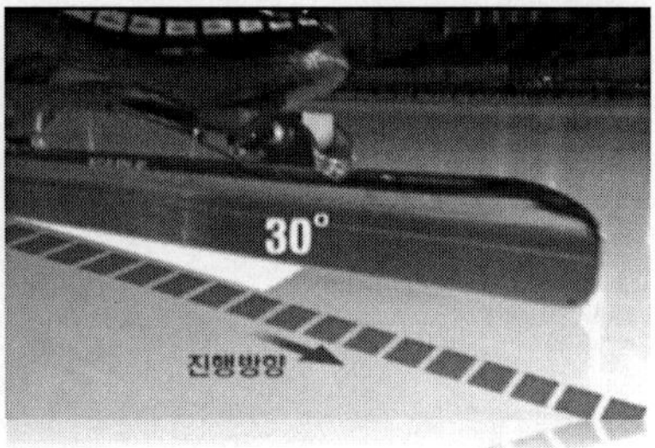

각도가 작으면 빙판을 딛고 차고 나가는 힘이 부족해 날이 뒤로 미끄러지고 날이 90도로 벌어지면 빙판을 차고 나가는 힘은 극대화되지만, 몸의 중심 이동이 늦어지게 된다.

연습 당시 그는 55도, 79도로 발을 벌렸고 그것을 바꾸는 연습을 꾸준히 이행하였으며 2010 밴쿠버 동계올림픽 스피드 스케이팅 남자 500m에서 0.16초 차이로 제치고 금메달을 획득할 수 있었다.

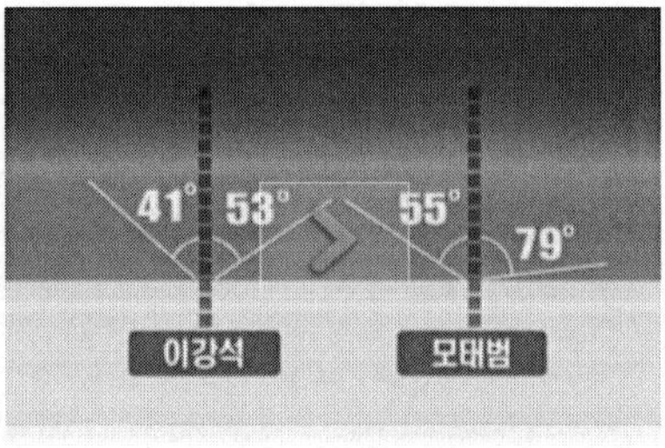

그동안 쌓인 이 같은 경험을 바탕으로 2년 전부터는 쇼트트랙의 훈련방식을 스피드 스케이팅에 도입했다. 선수들의 허리에 고무를 매단 채 옮기는 코너 벨트 훈련은 쇼트트랙에서 사용되던 훈련 방법이었지만 이번에 처음으로 스피드 스케이팅 선수들에게도 적용되었다.

쇼트트랙은 그 스케이트화에서도 특성을 알 수 있듯이 코너를 돌아야 하는 비율이 높다. 그래서 코너링 훈련이 주가 되는데, 스피드 스케이팅 선수들에게 이 코너링에 대한 훈련을 적용함으로서 코너 부분에서 속도를 최대한 유지하는 능력을 기르게 하였다. 이것은 출발능력을 키우는 훈련이기도 하다.

다음과 같이 장비인 스케이트 날의 각도를 바꾸되 특정 선수에 맞게 제작하고, 다른 종목인 쇼트트랙 훈련법을 동비하여 피치늘리기를 통해 경기력을 향상해, 공간의 원활한 운영을 도운 것이다.

원래 스피드 스케이팅에서 스케이트 날은 얼음 면에 닿을 때 힘을 잘 전달할 수 있도록 평평하게 이뤄져 있지만 이 대회에서는 각 선수에게 맞는 정확한 날 휘어짐 각도를 계산하고, 선수의 특성에 맞게 휨을 준 스케이트 날을 만들었다. 스케이트 날의 뒤쪽이 부츠의 뒤꿈치와 분리돼 경기하는 내내 스케이트 날이 빙판과 떨어지지 않기 때문이다. 이는 날과 얼음 사이의 마찰을 줄여줘 선수가 적은 힘을 들여도 속도를 낼 수 있게 도와준다.

그는 또한 체격이 작으므로 서양인 선수보다 '피치(스케이트를 한 번 내딛는 것)' 수를 늘렸다. 세계 기록 보유자인 캐나다의 제레미 위더스푼은 출발선에서 100m 지점까지 29번을 내디뎠지만 그는 31번 발걸음을 옮겨 '체격과 힘'의 결여를 극복했다고 한다. 그리고 가속도를 최대로 올리기 위해 스케이트 날의 각도를 정면에서 50~60도 벌려 경기했다. 각도가 너무 작으면 빙판을 딛고 차고 나가는 힘이 부족하고, 날이 90도로 벌어지면 빙판을 차고 나가는 힘은 극대화되지만 몸의 중심 이동이 늦어지기 때문이다. 모태범 선수는 그동안 출발 동작을 바꾸기 위해 피나는 연습을 꾸준히 했고 마침내 올림픽에서 금메달을 거머쥘 수 있었다.

08

쇼트트랙 스피드 스케이팅

08 쇼트트랙 스피드 스케이팅

개별선수
최민정, 이정수

1 | 경기규칙

쇼트트랙 스피드 스케이팅(short track speed skating), 보통 쇼트트랙이라고 약칭한다. 쇼트트랙은 스케이트를 신고 111.12m의 아이스링크 트랙에서 펼치는 스케이팅 경기이다. 각 종목에서 예선·준준결승·준결승·결승전이 펼쳐지는데, 보통 500m와 1000m의 단거리는 4명이, 1500m 이상의 장거리는 6~8명이 동시에 출발한다. 각 경기에서 상위 2~3명의 선수만 다음 경기에 진출할 수 있기 때문에 기록보다 순위를 중요시한다.

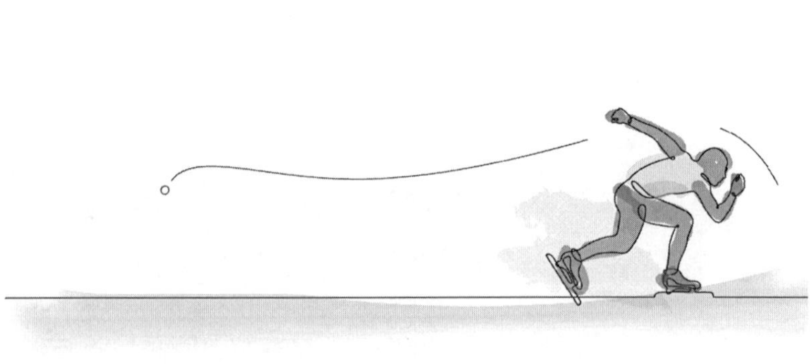

2 | 경기장 재원

실내 아이스링크는 길이 60m, 너비 30m이며, 타원형의 트랙은 길이 111.12m에 직선 코스의 너비는 7m이상 이어야 한다.

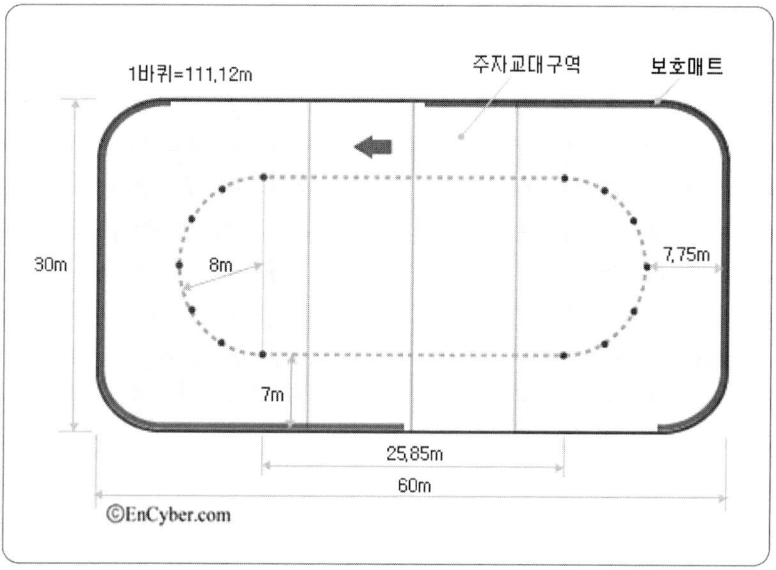

3 | 쇼트트랙 경기에서 공간 의미 및 공간 창출 능력

쇼트트랙은 한정된 트랙(111.12m)에서 여러 명의 선수가 함께 경쟁하는 경기로, 스피드 스케이팅보다 공간 활용과 창출이 더욱 중요한 요소로 작용한다. 단순한 직선 속도뿐만 아니라, 선수 간의 거리 조절, 코너링 전략, 추월 공간 확보 등의 공간적 사고가 필수적이다.

쇼트트랙에서의 공간 활용 요소를 알아보면, 첫째, 최적의 주행 라인 선택으로 쇼트트랙에서는 바깥쪽에서 안쪽으로 파고드는 형태로 최단 거리 주행을 해야 한다. 하지만 트랙이 짧고 곡선 구간이 많아서, 무조건 안쪽에 붙는 것이 아니라 최적의 코너 진입 각도를 계산해야 한다. 둘째, 코너링에서의 원심력 제어로서, 쇼트트랙은 곡선 구간이 많아서, 속도를 유지하면서 원심력을 최소화하는 것이 중요하다. 몸을 기울이는 각도와 왼손을 링크에 대는 방식을 조절해 균형을 잡아야 한다. 코너에서 넘어지거나 미끄러지는 경우가 많기 때문에, 몸의 무게 중심을 낮추고 스케이트 날의 각도를 조정하는 것이 필수이다. 셋째, 추월 공간 창출로서, 쇼트트랙은 여러 명이 함께 경기하기 때문에, 추월을 위한 공간을 스스로 만들어야 한다. 보통 바깥쪽에서 속도를 높여 안쪽으로 치고 들어오거나, 상대의 실수를 유도하여 공간을 확보하는 방식이 많이 사용된다. 특히, "인-코스 추월"과 "아웃-코스 추월"을 적절히 활용하는 것이 중요한데, 체력과 순간적인 가속력이 필요하다. 넷째, 방어 전략과 위치 선정으로서 선두를 유지하는 경우, 뒤따라오는 선수의 추월을 막기 위해 주행 라인을 조정하는 전략을 사용한다. 너무 안쪽으로 붙으면 속도가 줄어들고, 너무 바깥쪽으로 나가면 추월을 허용하기 쉬우므로, 경쟁자의 위치를 파악하며 최적의 공간을 유지하는 것이 중요하다. 다만 키가 작은 한국 선수들에게 유리한 운동이다. 코너에서 속도를 내야 해서 키가 작아서 튕겨 나갈 위험이 적기 때문이다.

4 | 개별 선수

1 최민정 선수

최민정 선수는 한국 여자 쇼트트랙 대표 팀에서 활약했던 선수로, 강력한 코너링과 효율적인 공간 활용 능력이 돋보였다. 그녀의 경기 스타일을 공간적 측면에서 분석해 보면 다음과 같은 특징이 있다. 첫째, 빠른 출발과 초반 공간 선점으로 쇼트트랙에서는 출발이 중요하며, 초반에 좋은 위치를 차지하면 추월당할 위험이 줄어든다. 그녀는 초반 1~2바퀴 동안 빠르게 선두권에 진입하는 능력이 뛰어났다. 출발에서 빠른 가속으로 유리한 주행 라인을 먼저 확보하여 공간을 장악하는 것이 그녀의 강점이었다. 둘째, 안정적인 코너링과 공간 유지로서, 쇼트트랙은 코너를 얼마나 빠르고 안정적으로 도는지가 승부를 가르는 핵심 요소이다. 그녀는 코너에서 균형을 잘 유지하며, 스케이트 날을 효과적으로 활용해 최단 거리 주행을 실현했다. 특히, 왼손을 빙판에 대는 방식이 매우 안정적이었고, 몸의 기울기 조절이 탁월해 원심력을 최소화했다. 셋째, 추월 시 공간 창출 능력으로, 그녀는 인-코스와 아웃-코스를 활용한 추월이 모두 가능한 선수였다. 경기 흐름을 읽으면서 상대가 방어에 취약한 순간을 포착하여 공간을 만들어내는 능력이 뛰어났다. 특히, 상대의 주행 라인에 따라 미세한 거리를 조정하면서 기회를 엿보는 전략이 돋보였다. 넷째, 선두 유지와 방어 전략으로 그녀가 선두에 있을 때는 후속 주자의 추월을 막기 위한 경로 조정 능력이 강점이었다. 뒤따라오는 선수의 움직임을 읽고, 자신의 스케이팅 라인을 조금씩 조정하며 상대가 쉽게 추월하지 못하도록 공간을 제한하는 능력이 뛰어났다. 쇼트트랙에서는 직선 구간에서 살짝 바깥쪽으로 나갔다가 코너에서 안쪽으로 들어오는 방식으로 방어하는 전략이 많이 사용되는데, 그녀는 이를 매우 효과적으로 활용했다.

결론적으로 최민정 선수의 공간 활용 방식은 출발에서 빠르게 치고 나가 유리한 위치를 선점, 코너에서 원심력을 최소화하며 최단 거리 주행 유지, 추월을 위해 상대의 빈틈을 파악하고 기민하게 공간을 창출, 선두를 유지할 때는 라인을 조정하여 후속 주자의 추월을 방어한다. 그녀는 공간을 효율적으로 활용하는 전략적 사고와 뛰어난 스케이팅 기술을 바탕으로, 경기 흐름을 조율하는 능력이 탁월한 선수였다.

2 이정수 선수

이정수 선수는 2010년 밴쿠버 동계올림픽에서 남자 1,000m와 1,500m에서 금메달을 획득하며 2관왕을 달성한 대한민국 쇼트트랙 대표 선수이다. 특히 긴 거리에서의 경기 운영과 공간 활용 능력이 탁월했던 선수로 평가받는다. 그의 공간 활용 전략에 대해 구체적으로 알아보자.

첫째, 레이스 초반 경기 운영으로, 효율적인 위치 선정으로, 1,500m 같은 중장거리 경기는 단순한 속도 싸움이 아니라 체력 안배와 전략적 공간 활용이 중요하다. 그는 초반부터 무리하게 선두로 나가는 것이 아니라, 중간 그룹에서 레이스를 운영하는 스타일을 보였다. 너무 뒤에 있으면 추월이 어렵고, 너무 앞에 있으면 후반 체력 소모가 크기 때문에 경쟁자들의 움직임을 보면서 최적의 위치를 선정하는 것이 강점이었다.

둘째, 중반 경기 운영으로, 코너에서 최적의 주행 라인 활용으로서, 쇼트트랙에서 코너링은 공간 활용의 핵심 요소이며, 특히 긴 거리에서는 연속되는 코너에서 얼마나 에너지를 절약하면서도 효율적으로 주행하느냐가 관건이다. 그는 코너에서 완만한 곡선을 그리며 안정적인 자세를 유지했고, 낮은 무게 중심을 활용해 원심력을 최소화하고, 스케이트 날을 얼음에 강하게 밀어 넣으며 코너에서 가속력을 유지하는 방식을 사용했다. 이를 통해 직선 구간에서 속도를 높이는 데 유리한 자세를 만들었다.

셋째, 후반 경기 운영으로, 추월을 위한 공간 창출로서, 그의 강점 중 하나는 후반부 폭발적인 가속력을 활용해 추월 공간을 만드는 능력이다. 쇼트트랙에서 추월을 위해서는 상대 선수가 빈틈을 보일 때 즉각적인 가속으로 공간을 점유하는 것이 필수적이다. 그는 상대 선수들의 체력 소모가 누적되는 순간을 포착하여 인-코스 혹은 아웃-코스에서 추월을 시도했다. 특히 직선 구간에서 상대의 라인 변경을 유도한 후, 코너 진입 직전에 공간을 선점하는 전술을 자주 활용했다.

넷째, 결승 직전 경기 운영으로, 공간을 활용한 속도 유지 및 방어 전략으로서, 마지막 한 바퀴에서는 최적의 공간을 차지하는 것이 승리의 핵심 요소이다. 그는 선두로 올라선 뒤에는 뒤따라오는 선수들의 추월 시도를 차단하기 위해 주행 라인을 조정하며, 최단 거리 유지 및 최대 속도 유지라는 두 가지 목표를 동시에 달성하는 방식으로 공간을 활용했다. 특히, 직선에서는 살짝 바깥쪽으로 나가며 속도를 유지하고, 코너에서는 빠르게 안쪽으로 들어와 상대의 추월을 막는 전술이 돋보였다.

결론적으로 볼 때, 이정수 선수는 단순한 속도 싸움이 아니라, 경기 운영과 공간 활용을 중점적으로 고려하는 유형의 선수였다. 중장거리에서 경기 흐름을 읽고, 체력을 전략적으로 사용하며, 가장 결정적인 순간에 폭발적인 스퍼트를 내는 것이 그의 공간 활용 방식의 핵심이었다.

09

컬링

09 컬링

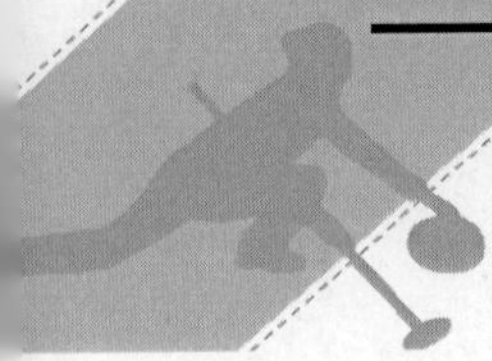

개별선수
김은정

1 | 경기규칙

컬링이란 얼음판에서 둥글고 납작한 돌(스톤)을 미끄러뜨려 과녁에 넣음으로써 득점을 얻는 경기이다. 네 명이 한 팀이고 2조로 경기를 진행하여 점수가 높은 조가 승리하는 스포츠이다. 다시 말하면, 이 두 조는 42.07m의 길이인 얼음 링크 즉 컬링 시트에서 너비 4.27cm인 직사각형의 얼음 링크 안에 스톤을 하우스(표적) 안에 넣어야 한다.

경기는 총 10번(10엔드)까지 진행되고 각 엔드마다 조당 8개의 스톤을 던질 수 있는 기회를 가지고 있다. 스톤을 보낼 때, 자신의 스톤이 상대의 스톤보다 버튼에 가까워야 득점을 할 수 있다. 각 조에는 스톤을 던지는 역할, 투구자의 순서가 '리드', '세컨드', '서드', '스킵'으로 진행된다. 투구자가 스톤을 던지면, 두 명의 스위퍼가 막대처럼 생긴 브룸을 이용해서 스톤의 진로와 속도를 조절하여 하우스에 들어갈 수 있도록 만들어야 한다. 이때, 스킵은 스톤 위치 지정과 팀의 전술을 정하여 주장 역할을 한다. 한 엔드가 끝나면 버튼에서 가장 가까운 곳에 있는 톤을 소유한 팀이 해당 엔드의 승리를 하게 된다. 점수는 하우스 버튼에 가까이 붙은 스톤의 개수만큼 기록한다. 그렇기에 두 조가 스톤을 던지는 드로우, 상대방의 스톤을 밖으로 보내는 테이크 아웃 등 여러 기술이 팀 내에서 잘 활용하여야 한다.

2 | 경기장 재원

하우스는 4개의 원으로 원의 크기는 가장 바깥쪽의 원부터 반지름이 각 1.83m, 1.22m, 0.61m, 0.15m이며, 가장 안쪽의 원을 '티(tee)'라고 한다.

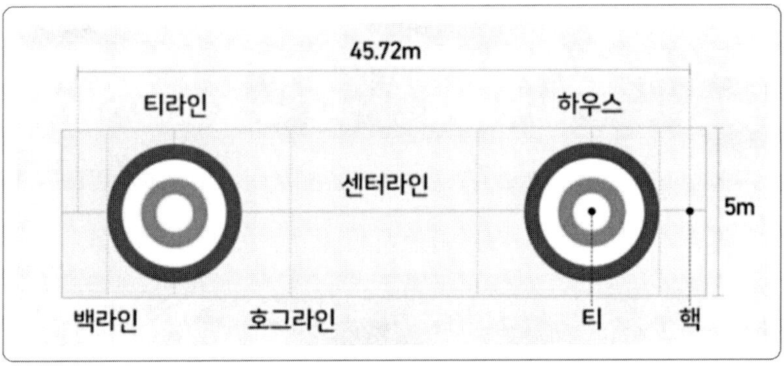

3 | 컬링에서 공간 의미 및 공간 창출 능력

스톤을 미는 방향(각도), 얼음을 닦는 타이밍(시간), 브룸의 압력과 횟수 그리고 방향, 스톤과 페블 사이의 마찰력, 각 엔드의 득점 계산 등 컬링은 매 순간 수학적 계산을 요구하는 스포츠이다. '빙판 위의 알까기 혹은 체스'라고도 불리는 컬링은 수학적 분석을 바탕으로 상대팀이 어떤 전술을 사용할지 고민하며 한 수 앞까지 생각하는 능력이 필요하다. 특히, 스톤의 진행 방향 계산은 중요한 요소인데, 스톤이 휘어지는 거리는 스톤의 반경, 스톤의 속도와 착지하기까지 걸리는 시간, 페블의 크기와 밀도 등을 고려해서 계산해야 한다. 선수들은 통찰력과 빠른 계산으로 작전을 구상하는 수학적 능력이 필요하다. 하지만 실제 경기에서는 여러 변수가 존재하기 때문에 선수들은 반복되는 훈련을 통해 회전각을 어느 정도 주어야 하는지, 브룸의 압력과 시간당 횟수는 어떻게 조절해야 하는지 등에 대한 실전 감각을 기르는 것이 필요하다.

① 스톤의 회전 계산

평평해 보이지만 실제 스톤의 아랫부분은 약간 둥글게 만들어져 있다. 그래서 앞으로 나갈 때 회전이 일어나기 쉽다. 오른쪽 그림을 참고해 보면, 시계방향으로 회전을 줄 경우 스톤 앞부분에 작용하는 마찰력보다 뒷부분에 마찰력이 더 크기 때문에 스톤이 오른쪽으로 움직이게 된다.

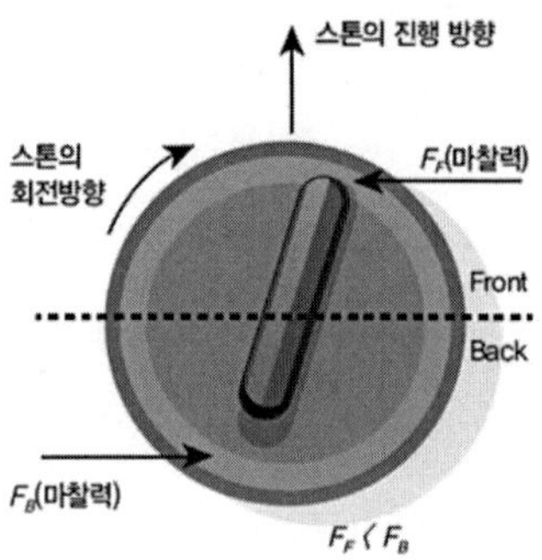

② 얼음에 담긴 비밀

경기 직전 평탄한 빙판 위에 물을 뿌리는데, 이 물방울이 얼게 되면서 바닥에 오돌토돌한 작은 입자가 생기는 것이 바로 '페블'이다. 울퉁불퉁한 페블의 윗부분만 스톤과 접촉하여, 마찰력을 줄이고 이동거리를 2배가량 늘게 한다. 즉, 페블은 스톤이 더 빠르게 움직이도록 돕는다. 페블은 회전을 만들기도 한다. 스톤이 나아갈 때 알갱이가 들러붙어 미세하게 스톤의 방향이 바뀌게 되는데 이러한 방향 전환이 반복되어 큰 회전이 일어난다. 선수들이 빙판 상태를 살피는 경우에도 수학적 능력이 필요한 것이다.

③ 스톤의 각도 계산

진행하는 스톤이 멈춰있는 스톤을 맞히면 두 스톤은 각각의 방향으로 움직인다. 두 스톤이 움직이는 방향의 각을 '분리 각'이라고 한다. 이론적으로는 두 스톤이 충돌한 후 움직이는 분리각의 합은 90°를 이룬다. 정밀하게 스톤을 움직이면 진행하는 스톤과 정지한 스톤을 0°~90°로 전환 및 이동시킬 수 있다. 실제 스톤이 충돌할 때 운동량과 운동에너지가 모두 보존되지는 않아서 분리각의 합이 90° 이상 혹은 이하가 되기도 한다. 아래 그림은 어떤 각도로 스톤이 나아갈 때 상대편 스톤을 제거하고 안에 남을 수 있는지를 상황별로 보여준다.

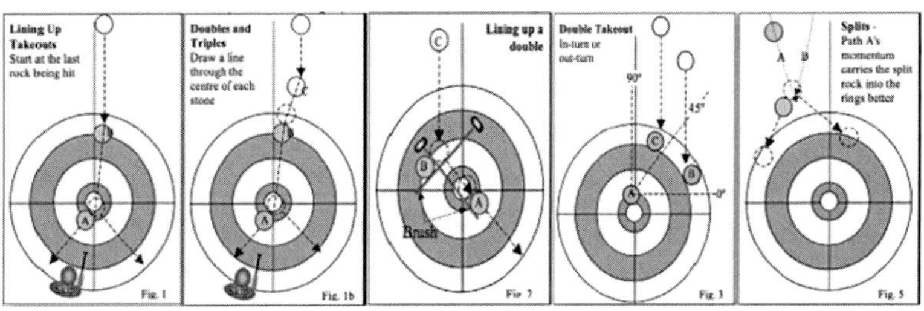

〈출처-uppervalleycurling〉

④ 스위핑 계산

스톤이 진행하다 보면 자연스레 속도가 줄어들게 된다. 이때 브룸으로 스톤 앞 빙판을 스위핑 하면 방향과 속도를 조절할 수 있다. 스위핑을 하면 빙판에 열이 발생하여 수막이 생성되고 이로 인해 마찰력이 감소하여 스톤이 더 쉽게 미끄러진다. 속도가 느릴수록 스톤이 잘 휘기 때문에 만약 이동 경로를 늘리고 직선에 가깝게 이동시키길 원한다면 스위핑을 일찍 시작하도록 지시해야 한다. 이러한 점 때문에 스킵(주장)에게는 빠른 계산으로 전략을 구상하고 지시하는 능력이 요구된다.

컬링은 빙판 위에서 정밀한 공간 감각과 전략적 사고가 핵심인 스포츠이다. 컬링에서 공간 지배력의 핵심 요소로는, 첫째, 하우스 내 위치 선정으로 컬링의 목표는 스톤을 상대보다 유리한 위치에 배치하는 것과 하우스 내부의 공간을 어떻게 점유하는가가 승패를 결정한다. 둘째, 스톤의 속도와 방향 조절 능력으로, 컬링에서는 스톤의 속도와 방향을 정밀하게 조정하는 능력이 중요하다. 이는 곧 빙판 위의 공간을 미리 예측하고 활용하는 능력과 직결된다. 셋째, 가드 스톤과 테이크아웃 전략으로, 컬링에서는 상대의 스톤을 제거하거나, 우리 스톤을 보호하는 전략이 필요하다. 스톤을 배치하여 상대가 원하는 공간을 차단하는 능력이 공간 지배력의 핵심이다. 넷째, 스위핑과 빙판 상태 이해로서, 컬링의 스위핑은 빙판 마찰을 조정하여 스톤의 거리와 방향을 세밀하게 조절하는 기술이며, 이는 공간을 정밀하게 컨트롤하는 과정과 같다. 다섯째, 상대 전략에 따른 공간 대응력으로, 컬링은 단순한 기술 경기뿐만 아니라 상대의 전략을 읽고 대응하는 심리전이 포함된다.

4 | 개별 선수

1 김은정 선수

김은정 선수의 공간 지배력을 분석하면, 첫째, 하우스를 지배하는 정밀한 공간 감각으로, 2018 평창올림픽에서 김은정 선수는 하우스 내부의 공간을 완벽하게 컨트롤하며 전략적인 스톤 배치를 수행했다. 특히 마지막 샷에서 정확한 위치를 차지하는 능력이 뛰어났다. 둘째, 상대의 공간을 제한하는 가드 스톤 전략으로, 그녀는 상대가 원하는 공간을 사전에 차단하는 가드 스톤 배치 능력이 우수했다. 상대가 공격하기 어렵게 스톤을 방패처럼 배치하여 공간을 장악하는 능력을 보여주었다. 셋째, 정밀한 테이크아웃으로 공간을 정리하는 능력으로서, 상대 스톤을 제거하면서도 우리 팀에 유리한 공간을 만드는 테이크아웃 샷을 성공적으로 수행했다. 공간을 단순히 사용하기만 하는 것이 아니라, 필요 없는 요소를 제거하면서 공간을 재구성하는 능력이 돋보였다. 넷째, 빙판을 읽고 최적의 공간으로 유도하는 능력으로, 컬링 경기에서 빙판의 상태는 계속 변화하는데, 그녀는 빙판의 변화를 읽고, 스톤이 최적의 공간에 멈출 수 있도록 세밀한 계산을 수행했다. 마지막으로, 심리적 공간 장악력으로서, 컬링은 집중력과 심리전이 중요한 스포츠인데, 그녀는 침착한 태도로 상대에게 압박을 주며 경기 흐름을 장악했다. 특히 "영미!"라는 외침으로 유명한 의사소통 능력 또한 팀원 간 공간 감각을 조율하는 중요한 역할을 했다.

결론적으로 말하자면, 김은정 선수는 컬링에서 정확한 공간 인식, 빙판의 변화 예측, 상대 전략 분석, 정밀한 샷 컨트롤을 통해 공간을 지배하는 능력이 탁월한 선수이다. 그녀는 하우스 내부에서 스톤을 배치하는 공간 활용 능력뿐만 아니라, 상대의 공간을 제한하고, 스스로 유리한 공간을 창출하는 지능적인 경기 운영을 통해 세계 정상에 올랐다. 컬링에서 공간을 지배한다는 것은 단순한 기술을 넘어, 전략적 사고와 심리적 우위를 포함하는 종합적인 능력을 의미하며, 그녀는 그 모든 요소를 갖춘 선수로 평가받는다.

10

피겨스케이팅

1. 경기규칙
2. 경기장 재원
3. 피겨스케이팅에서 공간 의미 및
   공간 창출 능력
4. 개별 선수

10 피겨스케이팅

개별선수
김연아

1 | 경기규칙

피겨스케이팅은 개인, 2인조, 또는 집단이 피겨 스케이트를 신고 얼음 위를 활주하며 갖가지 동작으로 율동의 아름다움을 겨루는 경기로 '빙상의 예술'이라고도 하며, 동계올림픽의 꽃이라고 해도 과언이 아니다.

피겨스케이팅에서는 점프, 스핀, 리프트, 스텝, 턴 등 다양한 기술이 사용된다. 올림픽 종목으로는 남녀 싱글 스케이팅, 페어 스케이팅, 아이스 댄싱의 네 가지가 있다. 올림픽에 포함되지 않은 종목으로는 싱크로나이즈 스케이팅과 포스 스케이팅 등이 있다. 종류가 많고 그에 따른 규칙이 역시 다양하다. 그 중 남자 싱글, 여자 싱글, 페어에서 열리는 종목 중 하나인 프리스케이팅의 규정에 대해 대표적으로 살펴보자.

프리스케이팅은 규정에 얽매이지 않고 자신이 준비한 안무로 자유롭게 연기를 펼치는 것을 말한다. 제한 시간은 남자 4분 20초~4분 40초, 여자 3분 50초~4분 10초이다. 제한 시간에 못 미치거나 초과하면 5초마다 1.0점이 감점된다.

2 | 경기장 재원

경기장의 국제 규격은 길이 56~60m, 너비 26~30m의 직사각형이다. 빙판의 얼음 두께는 5㎝로, 200차례에 걸쳐 0.2㎜씩 적층 방식으로 얼려 영하 3~4℃를 유지한다. 이 온도에서는 얼음 표면에 눈에 보이지 않는 물 분자 층이 살짝 형성돼 완전히 꽁꽁 언 빙판보다 더 매끄럽기 때문이다. 이처럼 녹는점 근처에서 고체 상태의 물질 바깥쪽이 녹는 현상을 '표면 녹음'이라고 한다. 물 분자 두 개 정도의 두께밖에 안 되는 물 층이 액체처럼 움직이면서 얼음 위를 미끄러지게 만든다.

3 | 피겨스케이팅에서 공간 의미 및 공간 창출 능력

① 점수책정방식

각 종목 별로 프로그램 당 점프·스핀·스텝 등을 평가하는 기술 점수(TES)와 프로그램 구성 점수(PCS)를 합산하여 순위를 가린다. 프로그램 구성 점수는 스케이팅 기술과 트랜지션 (동작 연결과 다양성, 난이도, 퀄리티), 연기, 안무 구성, 음악 해석력 등 5개 부문으로 평가하며, 심판은 0~10점까지 0.25점 단위로 점수를 부과한다. 가산점(GOE)은 7등급(:+3, +2, +1, 기준 점수, −1, −2, −3)으로 나뉜다. 긍정적인 요소가 있으면 기준 점수에서 +점수, 실수가 있으면 감점이다.

② 점수 합산 방법 관련

(1) 각 패널의 프로그램 구성 점수에는 다음을 곱한다. (Factor)

- SP : 여자 0.8 / 남자 1.0
- FS : 여자 1.6 / 남자 2.0

(2) 감점 요인: 시간 위반 5초당 -1.0, 보컬이 있는 음악 -1.0, 복장·소품 위반 -1.0, 넘어질 때마다 -1.0, 프로그램을 11~20초 중단 시 -1.0, 21~30초 중단 시 -2.0

(3) Total Segment Score는 TES와 PCS에 Deduction (감점)을 적용하여 계산.

(4) 동점인 경우 SP에서는 Total Technical Score로 순위 결정하고 FS에서는 Program Compenents Score로 순위 결정한다. 이 점수도 동점이라면 동 순위로 본다.

③ 이상적 신체조건

피겨스케이팅은 체조처럼 평균보다 키가 작고 팔다리 길이도 짧은 사람이 유리하다. 키가 너무 크면 무게 중심이 상대적으로 가슴 위쪽에 위치해 균형을 잡기가 더 어렵고 체력도 많이 소모되기 때문이다. 그렇기에 피겨스케이팅 선수의 이상적인 키는 165cm 이하다. 그러나 키가 작고 팔다리가 짧은 사람은 고난도 점프에 유리하지만, 팔다리가 늘씬하고 긴 사람에 비해 아름다워 보이지 않는다는 평가를 받기도 한다.

송주호 박사는 “피겨스케이팅이나 리듬 체조처럼 신체의 아름다움을 보여주는 스포츠일수록 팔다리가 다소 길고 동작이 커야 한다.”라고 말했다. 또한, 피겨스케이팅은 순발력과 지구력이 모두 중요하다. 점프나 회전할 때 강력한 힘을 내야 하며 최고 5분에 달하는 경기 시간 동안 지치지 않아야 한다. 그래서 속근과 지근의 적정한 비율이 중요하다. 더하여 피겨 선수는 어려운 동작이 많아 균형을 잡아주고 힘을 제어해 길항작용을 하는 잔-근육도 중요하다.

4 | 개별 선수

1 김연아 선수

김연아 선수는 여자 싱글 사상 최초로 그랜드 슬램(올림픽, 세계선수권, 사 대륙 선수권, 그랑프리 파이널을 모두 석권)을 달성한 선수다. 김연아 선수는 세 대회를 출전하면 두 번을 우승하는 승률을 자랑한다. 올림픽 역사상 가장 큰 점수 차(2010 밴쿠버 동계올림픽, 23.06점)로 우승한 선수이자 역대 세계선수권에서 제일 큰 점수 차(2013 세계선수권, 20.04점)로 우승한 선수이다.

피겨스케이팅은 단순한 기술적인 면뿐만 아니라, 공간을 어떻게 활용하고, 그 공간을 어떻게 상상하고 창출할 것인가가 중요한 스포츠이다. 피겨스케이팅에서 공간 활용은 단순히 트랙을 타는 것 이상을 의미한다. 선수는 곡선과 직선을 유기적으로 연결하며, 자신이 타는 얼음 위의 공간을 창의적으로 활용해야 한다. 그녀는 매 프로그램에서 그 공간을 어떻게 배치하고 활용할지에 대한 뛰어난 감각을 보여주었다. 그녀의 공간 활용 능력은 피겨스케이팅에서 매우 중요한 역할을 하는데, 그녀는 그동안 놀라운 공간 활용 능력을 보여주었으며, 이는 그녀가 세계적인 피겨스케이팅 선수로 성장하는 데 중요한 요소였다.

첫째, 김연아 선수의 공간 활용으로서, 유연한 곡선과 직선의 연결로, 그녀는 곡선의 연속과 직선의 변화를 부드럽게 연결하여 공간을 넓고, 자연스럽게 활용하는 능력을 보여주었다. 이러한 곡선과 직선의 유기적인 결합은 스케이팅의 기술적인 완성도를 높이는 중요한 요소로 작용했다. 경기 중의 트랙 활용으로, 경기에서 그녀는 좁은 얼음 위에서 다양한 움직임을 창출했다. 그녀는 빠르게 방향을 전환하고, 점프와 스핀을 연이어 실행하며 공간을 유기적으로 활용했는데, 이를 통해 기술적인 난도를 높이는 동시에 관객들에게 강한 인상을 남겼다.

둘째, 공간 상상력과 창출 능력으로서, 공간 상상력과 창출 능력은 그녀가 각 프로그램을 만들 때 매우 중요한 역할을 했다. 그녀는 공간을 단순히 "사용하는" 수준을 넘어, 자신만의 독특한 방식으로 새로운 공간을 창출하는 능력을 보여주었다. 이는 음악과 동작이 일체화된 프로그램을 만들어내는 데 필요한 창의력과 상상력의 결과이다. 음악과의 조화를 이룬바, 그녀는 음악의 리듬과 감정을 스케이팅 동작으로 표현하는 데 뛰어난 능력을 보였다. 음악에 맞춰 동작을 시작하고, 그 음악이 만들어내는 감정과 분위기를 공간에 담아내는 방식으로 스케이팅을 창조했다. 그녀는 음악이 제공하는 공간을 어떻게 '몸으로' 해석할지 고민하고, 그 공간을 예술적으로 채웠다. 나아가 기술적인 측면에서의 창출로는, 그녀는 자신의 스케이팅 동작을 하나의 예술 작품으로 창출해 냈다. 예를 들어, 스핀이나 점프와 같은 고난도 기술을 수행할 때, 단순히 기술적인 정확성뿐만 아니라, 그 기술이 수행되는 공간의 "미학적" 감각도 중요했다. 그녀는 각 기술이 수행될 때마다 동작의 시작과 끝을 공간적으로 어떻게 연결할지를 구상하고, 이를 완벽하게 실현했다.

다음으로 그녀의 창조적 공간 활용 예시로, 그녀는 공간의 크기를 자유자재로 변화시키는 능력을 갖췄는데, 피겨스케이팅에서는 좁은 공간에서도 자유롭게 움직여야 하며, 때로는 넓은 공간에서 대담하게 기술을 시도해야 한다. 그녀는 이 점에서 아주 뛰어난 능력을 보여주었는데, 그 예로는 2010년 밴쿠버 올림픽 자유 프로그램에서 그녀는 이 프로그램에서 큰 동작의 흐름을 만드는 한편, 작은 공간에서 세밀한 움직임을 전개하는 능력을 보였다. 그녀는 점프와 스핀을 넓은 공간에서 동작의 리듬에 맞춰 정확하게 연결하면서도, 같은 프로그램 안에서 "좁은 공간"에서 빠르게 방향을 바꾸며 기술을 수행했다. 이런 공간을 변화시키는 능력은 프로그램을 더 다채롭고, 시각적으로도 풍성하게 만들어 준다. 또한 공간의 미세한 활용 관점으로, 그녀는 스케이팅할 때, 종종 전체 얼음 위에서 한 사람만의 고유한 공간을 만들었다. 그녀는 자신의 동작을 자연스럽게 배치하고, 다른 선수와의 거리를 완벽하게 조정하면서 공간을 창출했다.

종합적으로 본다면, 김연아 선수의 공간 활용 능력은 단순히 얼음 위에서 움직이는 기술적인 능력에 그치지 않는다. 그녀는 공간을 상상하고 창출하는 능력을 통해 피겨스케이팅의 예술성과 기술적 완성도를 높였다. 이를 통해 각 프로그램에서 시각적, 감정적, 음악적 요소를 뛰어나게 결합하여, 관객들에게 강렬한 인상을 남겼다. 또한, 기술적인 난도를 높이고, 공간을 효과적으로 활용하는 능력은 그녀가 세계적인 선수로 자리매김하게 만든 중요한 요소였다.

11

양궁

1. 경기규칙
2. 경기장 재원
3. 양궁에서 공간 의미 및 공간 창출 능력
4. 개별 선수

11 양궁

개별선수
기보배, 안산

1 | 경기규칙

양궁은 활과 화살을 이용하여 일정한 거리에 떨어져 있는 다섯 가지 색을 가진 동그란 모형의 과녁을 향해 쏘아 득점을 겨루는 타깃 종목이다. 양궁 과녁을 자세히 살펴보면 원의 가운데에 있는 황금 스팟은 10점과 9점, 그 바깥 쪽인 레드 스팟은 8점과 7점, 블루 스팟은 6점과 5점, 블랙 스팟은 4점과 3점, 화이트 스팟은 2점과 1점이다. 그리고 화이트 스팟을 벗어난 화살은 0점 처리가 된다. 올림픽 양궁 종목은 혼성, 남자 개인, 남자 단체, 여자 개인, 여자 단체로 총 5종목이 있다.

정해진 거리에서 양 선수(팀)가 동시에 혹은 교대로 과녁을 3회(1:1)나 6회(팀전) 쏘아 가장 높은 점수의 과녁을 맞춘 쪽이 1세트 승리, 각 세트별로 활을 쏘아서 점수가 높은 사람이 그 세트를 따내고 세트 점수가 주어진다. 단체전과 개인전 모두 세트 승은 2점, 무승부는 1점씩, 세트 패는 0점이 주어진다. 각 세트 점수를 합산해서 최종적으로 승리 점수에 도달하면 그 경기에서 이기는 방식이다.

2 | 경기장 재원

표적을 맞혀 그 득점을 겨루는 경기로서 넓은 그라운드를 이용한다. 30~90m의 거리에 30~40개의 표적을 세운 장소, 살막이와 위아래 방향의 위험을 막기 위한 쇠 그물, 차양 등을 갖추어야 한다. 원거리용 표적은 지름 122cm, 근거리용은 80cm인데, 5가지 색깔의 원형으로 되어있다.

3 | 양궁에서 공간 의미 및 공간 창출 능력

양궁은 고정된 목표물을 맞히는 정밀 스포츠이지만, 실상은 공간을 이해하고 활용하는 능력이 결정적인 요소이다. 타깃과의 거리 감각이 뛰어나 올림픽 양궁은 70m 거리에서 지름 122cm의 타깃을 맞히는 경기로, 멀리 있는 작은 목표를 정확히 조준해야 한다. 특히, 거리(70m), 바람의 영향, 자세의 안정성, 화살의 궤적 등 다양한 공간적 요소를 종합적으로 고려해야 한다. 양궁에서 선수에게 가장 필요한 능력은 안정적인 슈팅 기술이다. 무거운 활을 들고 자세를 유지하는 근력과 올바른 힘의 분배 및 호흡 변화 조절 능력이 필요하다. 또한 고도의 집중력과 중압감을 이겨내는 능력 역시 요구된다.

① 화살의 포물선 운동

화살은 멀리서 보기에 직선으로 움직인다. 사실, 화살은 질량을 가진 물체를 지구 중심 쪽으로 끌어당기는 중력 때문에 하늘로 솟아올랐다 떨어지며 과녁에 맞는다. 따라서, 선수들은 화살을 약간 위로 쏘아, 낙하운동을 통해 표적으로 떨어진다는 것을 이해하고 있어야 한다.

② 이산 함수

실수 범위의 수직선에서 1과 2 사이에는 무수히 많은 수가 존재한다. 예를 들어, 1과 2 사이에는 1.6, 1.486…과 같이 둘 사이를 잇는 연속적인 수들로 가득 차 있다. 하지만, 표적에서는 1점 영역 안에서 0점 또는 2점 어느 쪽에 가깝게 쏴도 모두 1점을 부여한다.

③ 기하학적 확률

선수가 쏜 모든 화살은 표적 어딘가에 맞는다고 가정하면, 양궁선수가 10점 과녁을 맞힐 수학적 확률은 표적의 넓이에 따라 달라지는 기하학적 확률이다. 선수들은 주로 지름 122cm 표적을 사용한다. 이 표적의 전체 넓이는 $61\times61\times\pi = 3721\pi$㎠이다. 그중 10점 과녁은 지름이 12.2cm이다. 따라서, 10점 과녁의 원의 넓이는 $6.1\times6.1\times\pi$ $=37.21\pi$㎠이다. 그러므로 양궁 선수가 10점 과녁을 맞힐 기하학적 확률은 (10점 영역의 넓이)÷(전체 표적의 넓이) = 37.21÷3721 = 0.01이다.

4 | 개별 선수

1 기보배 선수

기보배 선수는 2011년 각종 세계대회에 출전하여 상을 휩쓸고 하반기에는 세계랭킹 1위를 했다. 엄청나게 작은 확률인 2012 국가대표 선발전을 통과하여 런던 올림픽에 대표 팀으로 출전하게 되었다.

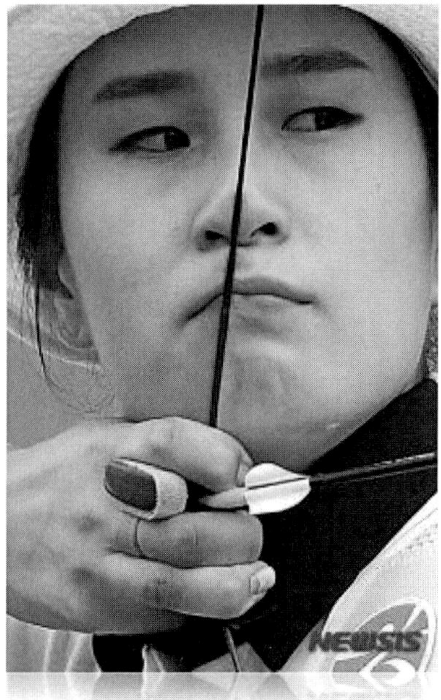

이후 올림픽에서 개인전, 단체전 모두 금메달을 획득하는 성과를 얻었다. 그녀의 공간 지배력을 분석해 보면,

첫째, 사수 공간의 지배력으로 최적의 슈팅 자세와 안정성으로 자기 신체 공간을 완벽하게 제어하여, 손 떨림 없이 정확한 사격을 지속할 수 있는 특성이 있으며, 고도의 집중력과 근력 조절을 통해, 최소한의 움직임으로 최대한의 정확도를 유지한다는 점이다. 둘째, 화살의 비행 공간 활용으로, 정확한 탄도 계산과 조절하는 것으로, 화살이 날아가는 공간을 정확히 예측하고, 최적의 각도를 설정하는 능력이 뛰어나고, 장거리(70m)에서도 바람, 기온, 습도 등 환경 변수를 고려하여, 화살의 궤적을 완벽하게 계산하며, 화살이 공중을 지나 목표물에 도달하는 공간 전체를 이해하고, 사격할 때마다 최적의 조정 능력을 발휘한다. 셋째, 외부 환경(바람, 기온)의 공간 이해와 조절 능력을

갖춘 바 단순한 근력이나 조준력보다, 외부 공간을 지배하는 감각이 우수하기 때문이다. 넷째, 표적 공간의 지배력으로, 집중력과 심리적 강인함을 보이며 심리적으로 강한 집중력을 바탕으로, 표적 공간을 완전히 지배하고 중요한 순간에도 흔들리지 않는 정신력과 공간적 판단력이 결합되어, 높은 명중률을 유지한다. 다섯째, 경기 운영과 전술적 공간 지배력을 지녀 개인전뿐만 아니라 단체전에서도 공간적 판단이 뛰어나며, 경기 상황에 따라 공격적으로 득점을 노릴 것인지, 안전하게 운영할 것인지를 조절하는 능력이 탁월하여, 이는 자신뿐만 아니라 팀 전체의 경기 흐름과 공간을 조절하는 능력으로 이어진다고 볼 수 있다.

기보배 선수는 단순한 명사수가 아니라, 공간을 지배하는 능력이 뛰어난 양궁선수이다. 그녀는 자기 신체 공간을 완벽하게 제어하며, 화살이 지나가는 공간을 정확하게 분석하고 활용한다. 또한 바람과 환경 변수를 읽고, 표적 공간을 집중력으로 지배하는 능력이 뛰어나 경기에서 강한 면모를 보이며, 그녀의 경기 스타일은 단순한 기술을 넘어, 공간을 읽고 활용하는 지능적인 경기 운영을 보여준다. 즉, 그녀는 양궁에서 공간 지배력을 가장 완벽하게 구현한 선수 중 한 명이라고 평가할 수 있다.

2 안산 선수

안산 선수는 초등학교 3학년 때부터 양궁을 시작했고 2016년 제42회 전국남녀양궁대회에서 6종목 전관왕을 차지하였고 국내 양궁대회의 전 종목 우승을 이룬 최초의 선수이다. 173cm의 큰 키와 균형 잡힌 체형을 지녔다. 2018년에 국가대표팀에 합류하게 되었고 현재도 자격을 유지하고 있다. 2020 도쿄 올림픽에서 혼성 단체전 금메달,

여자 단체전 금메달, 여자 개인전 금메달을 획득하며 총 3관왕에 성공하였다. 올림픽 사상 처음으로 양궁 3관왕 및 대한민국 하계 올림픽 사상 첫 3관왕 수상자라는 타이틀을 안산 선수가 얻게 되었다.

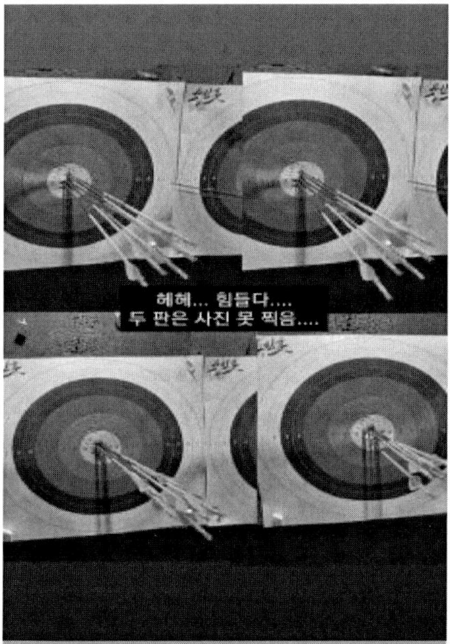

그녀의 경기에서 공간 활용 능력을 분석해 보면, 시각적 공간 인식, 신체적 공간 활용, 심리적 공간 조절의 세 가지 측면에서 강점을 찾을 수 있다.

첫째, 시각적 공간 인식으로, 목표와 환경을 연결하는 능력을 들 수 있다. 양궁에서는 거리를 정확하게 인식하고, 바람과 조명 등 외부 환경을 고려하는 공간적 사고가 필수입니다. 그녀는 거리와 각도를 빠르게 계산하여, 시각적 정보를 공간 좌표로 변환하는 능력이 뛰어남을 보여주었으며, 바람과 기후 조건 분석 능력이 뛰어나다.

둘째, 최적의 자세와 활쏘기 동작 능력을 갖추고 있어, 정확한 슈팅 포지션 유지 및 활시위의 공간적 일관성 유지 능력을 갖추고 있다.

셋째, 집중력과 심리적 거리 유지를 잘한다. 그녀는 경기 중 자신만의 공간을 유지하며, 외부 요소에 영향을 받지 않는 강한 정신력을 보여줬다. 예를 들어, 도쿄 올림픽 개인전 준결승과 결승전에서 상대의 고득점에도 흔들리지 않고, 침착하게 자신의 숏을 이어간 점이 대표적인 사례이다. 사격 전 공간적 루틴 활용으로서 안산 선수는 활을 쏘기 전, 호흡을 가다듬고 일정한 루틴을 거치는 방식으로 심리적 안정을 찾는다. 이는 몸과 마음의 공간적 조화를 맞추는 과정으로, 경기 내내 일정한 컨디션을 유지하는 데 중요한 역할을 한다.

결과적으로 안산 선수는 공간을 정밀하게 인식하고, 이를 자기 신체와 심리적 요소와 연결하여 최적의 슈팅을 만들어내는 능력이 탁월한 선수이다. 그녀의 이러한 강점이 압박 속에서도 일관된 경기력을 유지하고, 세계 최고 수준의 명중률을 기록하는 비결이라고 볼 수 있다.

12

테니스

12 테니스

개별선수
모니카 셀레스, 노박 조코비치

1 | 경기규칙

테니스는 두 명의 선수(단식) 또는 각각 두 명의 선수로 이루어진 두 팀(복식)이 겨루는 라켓 스포츠의 한 종류이다. 선수들이 줄이 매인 라켓을 이용해 속이 비고 표면이 펠트로 이루어진 고무 재질의 테니스공을 쳐서 네트 너머 상대방의 코트로 계속하여 넘겨서, 어느 한 쪽이 공이 두 번 바운드 되기 전에 치지 못하거나 친 공이 네트를 넘지 못했을 때, 혹은 친 공이 상대방 코트에 들어가지 못 했을 때 그 실패한 선수의 상대방이 점수를 따는 방식으로 진행된다. 경기의 종류는 선수구성에 따라 단식과 복식, 혼합복식으로 나뉜다. 과거에는 소프트 테니스(연식 정구)와 함께 하드 테니스(경식 정구)라고 불리기도 했다.

2 | 경기장 재원

코트는 네트를 중심으로 2등분 된다. 네트는 지름 0.8cm(1/3inch)이하의 코드(Cord)나 금속 케이블(metal cable)로 매어 달며 그 양쪽 끝은 지름 15cm(6inches) 이하인 두 개의 포스트(post) 위를 넘겨서 매어진다. 이 포스트는 네트 코드 위보다 2.5cm(1inch) 이상 높아서는 안 된다.

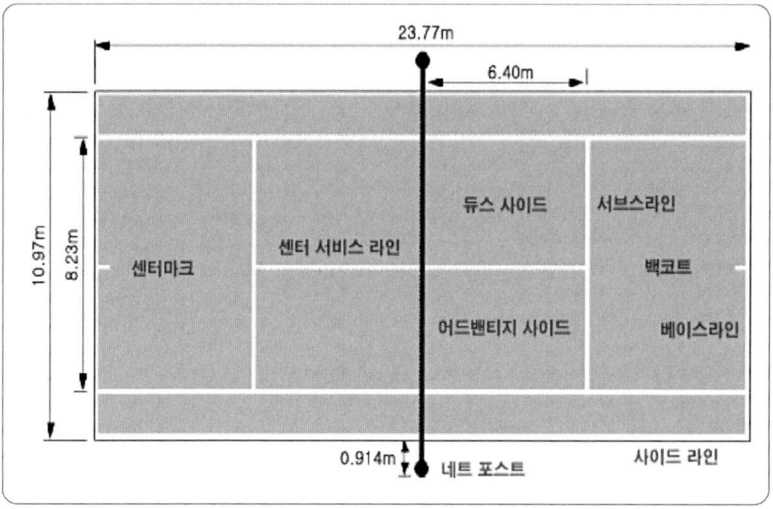

각 포스트의 중심은 양쪽 사이드 라인으로부터 각각 0.914m (3feet) 바깥쪽이 되며, 양 포스트의 높이는 코드의 윗부분으로부터 지면까지 1.07m(3 feet 6 inch)가 되도록 한다. 단식 복식(singles, doubles) 공용 코트(규칙 34 참조)에서 복식용 네트를 치고 단식 경기를 할 때는 지름 7.5cm(3 inch) 이하의 굵기의 싱글스-스틱(singles stick)이라고 불리는 2개의 포스트로 네트를 1.07m의 높이로 받쳐 주어야 한다. 각 싱글스-스틱의 중심은 양 단식 사이드라인의 바깥쪽 0.914m(3feet)로 한다. 네트는 볼이 빠져나가지 않을 정도의 좁은 그물이어야 하며 2개의 포스트 사이의 공간을 완전히 메우도록 쳐야 한다.

네트의 높이는 중앙에서 0.914m(3feet)로 하고, 그 지점에서 너비 5cm(2inch) 이하의 흰색 스트랩(strap)으로 팽팽히 밑으로 당겨서 맨다. 네트를 칠 코드는 네트의 상부에서 양쪽 모두 균등하게 5cm(2inch) 이상 6.3cm(2 1/2 inch) 이하의 흰색의 밴드로 씌워야 한다. 네트, 스트랩, 밴드 또는 싱글스-스틱에 광고물을 붙여서는 안 된다. 코트의 양

끝 및 양옆을 구분하는 라인을 각각 베이스라인(baseline)과 사이드-라인(sideline)이라 부른다. 네트의 양쪽에 네트로부터 6.40m(21feet) 거리에 이와 평행하게 서비스 라인을 긋는다.

서비스 라인과 사이드-라인에 둘러싸인 부분을 센터 서비스 라인(center service line)으로 균등하게 2등분 하여 서비스 코트(service court)로 한다. 센터 서비스 라인의 너비는 5cm(2inch)로 하여 사이드-라인과 평행하게 긋는다. 각 베이스-라인은 센터 사이드-라인의 가상 연장선 상에 있는 센터 마크(center mark)로 2등분한다. 센터 마크는 베이스 라인으로부터 안쪽에 길이 10cm(4 inch), 너비 5cm(2inch)로 하고 베이스 라인과 직각으로 긋는다. 그 밖의 라인은 모두 너비 2.5cm(1inch) 이상 5cm(2inch) 이하로 하되 베이스 라인만은 너비 10cm(4inch)까지 무방하다. 모든 측량은 라인의 바깥쪽으로부터 잰다. 라인은 모두 같은 색으로 그려야 한다. 광고가 그 밖의 것을 코트 뒤에 붙이거나 놓을 때에는 그 물체가 흰색이나 노란색을 포함하지 않는 것이 좋다.

3 | 테니스에서 공간 의미 및 공간 창출 능력

테니스라는 스포츠를 잘 운영하기 위해서는 공간과 각도를 잘 활용하는 것이 중요하다. 예를 들어, 서브를 넣을 때는 지정된 공간 안에 공을 넣어야 한다. 또한, 자신의 공이 상대에게 넘어가는 순간 동안 상대가 뛰어가지 못하는 공간에 공을 치는 것도 득점할 수 있는 방법 중에 하나이다.

한 선수가 서버를 넣는다. 공의 속도가 빠르고 공간의 구석에 넣으면 상대 선수는 공을 받아넘기지 못한다. 이것이 에이스다. 서버 리턴에 성공한 후 서로가 공을 주거니 받거니 하다가 한 선수가 상대 선수가 예측하지 못한 공간으로 볼을 보내거나, 처리하지 못하는 속도나 공간을 만들어서 활용하면 득점을 얻게 된다. 곧 상대방 선수가 볼을 대처할 공간을 허용하지 않도록 하는 공간 활용 능력을 만들기 위해서 빠른 볼 스피드, 코너 활용, 상대방 반응 영역 활용, 구질의 정확도, 상대방의 예측에 대응 능력이 요구된다. 테니스 경기에서 공간을 지배한다는 것은 강력한 속도의 공을 만들거나, 상대가 예측하지 못하거나 몸의 균형을 잃어 따라가지 못하는 공간을 만들어내어 적극 활용하는 능력을 말한다.

테니스에는 포핸드, 발리, 드라이브 등 여러 가지 기술이 있다. 이러한 것들을 잘 구사하기 위해서는 세부적인 각도를 설정하는 능력이 필수적이다. 예를 들어, 포핸드로 공을 쳤을 때, 공이 위로 뜨지 않도록, 공과 라켓이 부딪힐 때 그 각도가 90°가 되어야 한다. 드라이브로 공을 칠 때는 70°의 각도에서 맞아야 한다.

4 | 개별 선수

① 모니카 셀레스(Monica Seles) 선수

모니카 셀레스 선수는 1990년대 초반 여성 테니스를 지배했던 선수 중 한 명으로 프랑스 오픈에서 최연소 우승 외에 3연속 우승, 호주 오픈에서도 3연속 우승을 차지한 것이다. 이로 인해 단숨에 세계 랭킹 1위까지 올라섰다. 그녀의 공간 활용 및 공간 창출 능력에서 독특한 강점을 보였다. 그녀의 플레이 스타일을 공격과 수비 측면으로 나누어 분석해 보자.

공격에서의 공간 활용 및 공간 창출로, 그녀는 독창적인 양손 백핸드와 포핸드 스타일과 강력한 스트로크를 기반으로 상대를 압박하며 공간을 효과적으로 활용하고 창출하는 능력이 탁월했다. 공간 활용 능력으로, 첫째, 코트 전체를 활용한 강력한 스트로크로, 그녀는 코트 구석을 공략하는 정교한 스트로크를 통해 상대를 좌우로 크게 흔들었다. 백핸드와 포핸드 모두 강력한 양손 스트로크를 구사하며, 상대가 특정 샷을 예측하기 어렵게 만들었다. 강한 각도의 샷을 구사하며, 상대가 코트 중앙에서 벗어나도록 유도하는 플레이가 많았다. 둘째, 빠른 타이밍으로 상대의 반응 속도 제한으로, 그녀는 공을 빠르게 처리하는 "타이밍 테니스"를 구사했다. 공이 바운드된 직후 바로 타격하는 플레이 스타일 덕분에 상대가 샷을 준비할 시간을 최소화했고, 이를 통해 상대의 수비 범위를 제한했다. 이로 인해 상대는 더 많은 코트를 커버해야 했으며, 수비 시 실수가 나올 확률이 높아졌다.

셋째, 좌우 대각선 샷을 활용한 공간 확장으로, 대각선 방향으로 공을 깊숙이 보내 상대가 코트 구석까지 이동하도록 유도했다. 상대가 한쪽 구석으로 이동한 후, 반대 방향으로 빠르게 치는 패턴을 반복하여 상대의 움직임을 극대화했다.

공간 창출 능력으로, 첫째, 빠른 속도로 상대의 움직임을 제한하여, 그녀는 상대의 준비 시간을 최소화하는 공격적인 플레이를 통해 상대가 원하는 위치선정을 취할 수 없도록 만들었다. 타구를 빠르게 주고받으며 상대를 점점 더 수비적인 위치로 몰아넣었고, 상대가 치기 어려운 공간을 만들었다. 둘째, 코트 중앙 장악 및 공격 기회 창출로, 상대를 좌우로 흔든 후, 상대가 수비적으로 플레이할 때 코트 중앙을 차지하여 공격적인 위치를 유지했다. 이를 통해 쉽게 오픈 코트를 만들며, 결정적인 샷을 구사할 수 있었다. 셋째, 앵글 샷과 드롭샷을 활용한 짧은 공간 창출로, 단순히 코트 구석을 공략하는 것뿐만 아니라, 짧은 앵글 샷과 드롭샷을 적절히 섞어 상대를 네트 쪽으로 유인하기도 했다. 상대가 깊은 위치에서 수비하도록 만든 뒤, 앞쪽 공간을 활용하여 드롭샷을 넣는 등 다양한 샷 선택으로 공간을 창출했다.

수비에서의 공간 활용 및 공간 창출로서, 그녀는 공격적인 스타일이 강했지만, 수비에서도 공간을 효과적으로 활용하는 능력을 보여주었다. 공간 활용 능력으로, 첫째, 양손 스트로크로 다양한 각도의 리턴으로, 그녀는 양손 포핸드와 백핸드를 활용하여 빠르고 각도 있는 리턴을 구사할 수 있었다. 상대의 강한 공격에도 불구하고 각도를 조절하여 효과적으로 반격하며, 수비 상황에서도 공간을 적극 활용했다. 둘째, 베이스라인에서의 높은 커버력으로, 대부분의 경기에서 베이스라인 근처를 지키며 플레이하는 스타일을 보였으며, 이를 통해 넓은 수비 범위를 확보했다. 깊은 리턴 샷을 사용하여 상대가 쉽게 공격할 수 없는 위치로 공을 보내며, 공간을 활용해 수비했다. 공간 창출 능력으로, 첫째, 상대의 샷 선택을 제한하는 리턴인데, 셀레스는 상대의 공격적인 샷을 받아넘기는 것이 아니라, 상대의 샷 선택을 제한하는 리턴을 구사했다. 예를 들어, 상대가 코트 깊숙이 밀고 들어오는 것을 막기 위해 빠른 템포로 공을 돌려보내 상대가 적극적인 스텝을 밟을 수 없도록 만들었다. 둘째, 공격적인 리턴으로 상대의 위치 이동 유도로, 상대의 서브를 받을 때도 수비적으로 받기보다는, 코트 구석을 향해 각을 넓히는 리턴을 활용했다. 이를 통해 상대가 서브 후 빠르게 중앙으로 복귀하는 것을 막고, 열린 공간을 만들었다.

이들을 종합한 결과로는 모니카 셀레스는 공격적인 공간 활용과 창출 능력이 뛰어난 선수였다. 공격에서는 빠른 타이밍과 강한 스트로크를 통해 상대를 좌우로 흔들며, 상대가 원하는 위치선정을 하지 못하도록 공간을 제한했다. 수비에서는 적극적인 리턴과 베이스라인에서의 높은 커버력을 바탕으로, 상대의 공격 옵션을 줄이며 공간을 유리하게 활용했다. 전략적인 샷 선택(앵글 샷, 드롭샷, 강한 대각선 샷)을 통해 상대가 불리한 위치에 서도록 만들며, 지속적으로 공간을 창출하는 능력을 발휘했다. 이러한 특성 덕분에 그녀는 1990년대 초반 테니스계를 지배할 수 있었으며, 이후 여성 테니스의 플레이 스타일에도 큰 영향을 미쳤다.

2 노박 조코비치(Novak Djokovic)

노박 조코비치 선수는 세르비아 국적의 테니스 선수. 라파엘 나달, 로저 페더러와 함께 21세기 남자 테니스계의 황금기를 이끈 선수이다. 2023년 11월 27일 기준으로, 그랜드슬램 남자 단식 역대 최다 우승(메이저 24회, 단신 타이틀 98회) 및 호주 오픈 남자 단식 최다 우승(10회),

ATP 파이널스 남자 단식 최다 우승(7회), 마스터스 1000 남자 단식 최다 우승(40회) 기록을 보유 중이다.

또한 그는 개인전 통산 성적은 1087승 213패로 승률 83.62%를 달성하고, 2015년에 단일 시즌 10개 빅 타이틀, 단일 시즌 15연속 결승전, 10위권 이내 상대 31승을 거두었으며, ATP 연말 세계랭킹 1위 8회, 누적 세계랭킹 1위 기간 400주 (남녀 통합 최장기간 1위)를 기록하기도 하였다.

그는 현대 테니스 역사상 가장 뛰어난 공간 활용과 창출 능력을 갖춘 선수 중 한 명이다. 그의 경기 스타일을 공간이라는 관점에서 분석하면 다음과 같이 정리할 수 있다.

공간 활용으로, 그는 다음과 같은 방식으로 기존 공간을 최대한 효율적으로 사용한다. 첫째, 코트 커버리지로서, 탁월한 풋워크와 예측력으로 베이스라인 수비 위치에서부터 좌우 사이드라인, 그리고 네트 앞으로까지 전 코트를 커버한다. 수비 상황에서도 최적의 동선을 선택해 에너지를 최소화하면서도 적절한 위치를 선점한다. 둘째, 앵글샷 사용으로, 좁은 각도에서도 날카로운 크로스 앵글샷을 구사하여 상대를 사이드라인 바깥으로 몰아낸다. 특히 백핸드 크로스에서의 앵글샷은 그만의 시그니처 무기이다.

공간 창출 능력으로, 그는 자신의 움직임과 스트로크로 상대에게 불리한 공간을 강제하며 유리한 공간을 창출한다. 첫째, 시간과 공간의 여유를 빼앗기로써, 리턴 시, 빠른 타이밍과 정확한 방향성으로 상대에게 생각할 시간을 주지 않고 공간적 압박을 가한다. 긴 랠리 중에서도 자신이 원하는 방향으로 점점 공간을 좁혀가는 전략을 쓴다. 둘째, 수비에서 공격으로의 전환으로, 위기 상황에서도 슬라이딩 수비와 낮은 각도의 컨트롤을 통해 공격 전환의 기회를 엿본다. 자신이 만든 공간을 다시 자신의 공격 기회로 바꾸는 능력이 탁월하다.

공간 지배력으로는, 그의 진정한 강점은 바로 경기 내내 공간을 통제하고 지배하는 능력이다. 첫째, 리턴 게임에서의 지배로, 그는 상대 서브의 궤적을 빠르게 분석하고, 리턴 위치를 재빠르게 조정하여 상대의 서브 공간을 압박한다. 통계적으로도 서브 리턴 성공률과 리턴 포인트 획득률이 매우 높다. 둘째, 중심 공간의 장악으로, 랠리 중에는 코트 중심으로의 빠른 복귀를 통해 전략적 중심 공간을 지배한다. 이는 그가 공격뿐만 아니라 상대를 통제하는 방식의 핵심이 된다.

심리적 공간 지배로서, 그는 단순한 물리적 공간을 넘어서 심리적인 공간도 지배한다. 끊임없는 수비와 위기 탈출 능력은 상대에게 "내가 이길 수 있을까?" 하는 심리적 압박을 준다. 그는 공간을 읽고 만드는 능력뿐 아니라, 상대의 선택지를 지우는 능력을 갖추고 있다.

한 마디로 조코비치는 '공간 예술가'이다. 그는 수학자처럼 각도를 계산하고, 장기 전략가처럼 공간을 점유하며, 무용수처럼 코트를 유연하게 움직이는 선수이다. 그는 단순히 테니스 공을 치는 것이 아니라 공간을 조각하고 해석하며 창조하는 예술가라고 할 수 있다. 결론적으로, 90년대를 주름잡던 서브 앤 발리를 잡아 먹은 올 코트형 베이스라인 플레이, 그 새로운 패러다임의 최종진화형에 가까운 선수가 그인 셈이다. 아기자기한 기교가 아닌 철저하게 기본적인 플레이로 상대를 박살 내는 터라 일부 사람들은 화려한 페더러나 에너지가 넘치는 나달에 비해 보는 재미가 적다고 이야기하기도 한다. 하지만 2020년대 들어 페더러와 나달의 경력를 넘어서며 테니스 역사상 가장 강한 선수를 논할 때 반드시 그가 거론될 정도로 그의 독보적인 실력과 경력에 대해서는 아무런 이견이 없다.

● 참고 : 한 경기에서의 공간 활용 분석 사례

2023년 윔블던 결승전에서 노박 조코비치는 카를로스 알카라즈와의 대결에서 그의 공간 활용, 창출, 지배력을 다양한 방식으로 보여주었다. 이 경기에서 조코비치의 공간 전략을 분석하면 다음과 같다.

공간 활용 관점으로, 첫째, 서브 패턴의 다양성으로 그는 서브 시 다양한 코스와 스핀을 활용하여 알카라즈의 리턴을 어렵게 만들고자 했다. 특히 중요한 순간에는 센터와 와이드 서브를 적절히 섞어 사용하며 공간을 효과적으로 활용했다. 둘째, 베이스라인 수비와 코트 커버리지로, 그는 특유의 유연성과 예측 능력으로 코트 전반을 커버하며, 알카라즈의 강력한 스트로크에 대응했다. 특히 긴 랠리 상황에서 효율적인 움직임으로 공간을 방어하며 상대의 공격을 무력화하려 했다.

공간 창출 관점으로, 첫째, 앵글 샷과 드롭 샷 활용으로 그는 랠리 중 갑작스러운 앵글 샷이나 드롭 샷을 구사하여 알카라즈를 네트 앞으로 끌어내거나 사이드라인 바깥으로 유도했다. 이를 통해 상대의 위치를 조정하고 빈 공간을 만들어냈다. 둘째, 서브 앤 발리 전술로, 중요한 포인트에서 서브 앤 발리 전술을 사용하여 네트 근처에서의 지배력을 높이고, 상대의 리턴 각도를 제한하며 공간을 창출했다.

공간 지배력 관점으로, 첫째, 리턴 게임에서의 압박으로, 그는 알카라즈의 서브에 대해 적극적으로 리턴하며, 상대의 서비스 게임에서 공간적 압박을 가했다. 특히 두 번째 서브에 대한 공격적인 리턴으로 알카라즈의 서비스 게임을 흔들었다. 둘째, 코트 중앙 장악으로, 랠리 중 코트 중앙을 선점하여 좌우로의 빠른 대응이 가능하도록 위치를 잡았으며, 이를 통해 공간적 지배력을 유지했다.

그는 이 경기에서 그의 공간 활용 능력을 최대한 발휘하며 전략적인 플레이를 펼쳤다. 그러나 알카라즈의 뛰어난 대응과 변칙적인 전술로 인해 최종적으로 승리를 거두지는 못했다. 이러한 분석을 통해 조코비치의 공간 전략과 그에 대한 알카라즈의 대응을 이해할 수 있다.

● 테니스에서 시간과 공간의 관계

테니스 경기는 공의 속도가 높아질수록 공간 활용이 더욱 정교해지는 스포츠로서, 속도가 높을 때 선수들은 최적의 공간을 활용하여 상대를 공략해야 하며, 이를 위해 다양한 기술과 전술이 동반된다.

첫째, 속도가 높을수록 테니스에서 공간 활용이 중요한 이유를 알아보자. 반응 속도가 빨라야 하므로 예측을 통한 공간 활용이 필수적이다. 공이 빠르면 단순한 반응만으로는 랠리를 유지하기 어렵기 때문에, 미리 예측하여 최적의 위치를 선점해야 한다. 상대의 타격 방향을 미리 읽고, 공이 올 공간을 선점하는 능력이 중요하다. 공격적인 샷일수록 공간을 더욱 효율적으로 활용해야 하는데, 강력한 스트로크(예: 강한 포핸드, 플랫 샷)는 단순한 힘이 아니라, 각도와 코스를 활용한 공간 창출이 필수이다. 빠른 속도의 공을 효과적으로 사용하려면 상대의 빈 공간을 만들어내고 공략하는 능력이 필요하다. 예를 들어, 강한 스트로크 후 네트 근처로 전진해 압박하거나, 코트 사이드를 활용한 앵글 샷을 구사하는 전략이 있다.

서브의 속도가 높아질수록 공간 활용 능력이 결정적인데, 빠른 서브를 넣으면 상대는 반응 시간이 줄어들어 공간을 효율적으로 활용한 리턴이 더욱 중요해진다. 서브 속도가 빠를수록 상대가 리턴하기 어려운 각도(와이드 서브, 바디 서브 등)를 활용하여 효과적인 포인트를 만들어내며, 반대로, 리턴하는 선수는 서브 방향을 예측하여 최적의 공간을 확보해야 한다.

둘째, 속도가 높은 상황에서 테니스 공간 활용 전략을 살펴보자. 코트 포지셔닝과 공간 점유 사항으로, 공이 빠를수록 베이스라인 근처에서 빠르게 반응하는 것이 중요하며, 공을 치고 난 후 다음 공을 대비하여 적절한 공간으로 이동해야 한다. 특히 공격적인 선수들은 네트 앞으로 전진하여 상대를 압박하고, 수비적인 선수들은 깊은 포지션에서 상대의 공격을 받아치는 전략을 쓴다.

앵글 샷과 빈 공간 활용 측면으로는, 빠른 공이 오갈수록 직선적인 샷만으로는 상대를 무너뜨리기 어렵다. 상대를 최대한 넓게 움직이게 하려면 앵글 샷을 사용하여 공간을 창출해야 한다. 상대가 한쪽 사이드로 이동한 후, 반대쪽 빈 공간을 공략하는 패턴 플레이가 효과적이다.

서브 및 발리 전술을 설명하면, 공의 속도가 높아질수록 빠른 공격 전개가 중요하며, 서브 후 네트 대시를 활용하면 상대의 반응 시간을 더욱 줄일 수 있다. 빠른 서브를 활용하여 상대를 한쪽으로 몰아넣은 후, 네트로 전진하여 짧은 공간을 활용한 발리 플레이를 하는 것이 효과적이다.

수비 시 공간 활용 관점으로, 상대가 강한 스트로크를 사용할 때, 수비 플레이어는 코트의 깊은 공간을 활용하여 수비해야 한다. 속도가 높은 경기에서는 로브 샷을 활용하여 상대를 뒤로 밀어내는 공간 조절이 중요하다. 깊고 안정적인 공을 구사하며, 상대의 공격적인 위치를 무력화시키는 방식도 효과적이다.

이들을 종합해 본다면, 속도가 높아질수록 공간 활용 능력이 경기의 승패를 좌우한다. 테니스에서 공의 속도가 높아질수록, 예측과 포지셔닝을 통한 공간 활용이 필수적이다. 단순한 반응만으로는 빠른 공을 상대하기 어렵기 때문에, 빈 공간을 만들고 이를 활용하는 전술이 핵심이다. 서브, 스트로크, 리턴, 수비 등 모든 측면에서 최적의 공간 활용이 승패를 결정짓는 요소가 된다. 즉, 테니스는 속도가 빠를수록 공간을 더 효율적으로 활용해야 하는 스포츠이며, 이를 잘하는 선수가 최고의 경기력을 보여줄 수 있다.

13

배드민턴

1. 경기규칙
2. 경기장 재원
3. 배드민턴에서 공간 의미 및 공간 창출 능력
4. 개별선수

13 배드민턴

개별선수
안세영

1 | 경기규칙

배드민턴은 빠른 속도와 기술적인 전략이 중요한 스포츠로, 전 세계적으로 많은 사람이 즐기는 인기 있는 종목이다. 이 스포츠는 주로 두 명의 선수가 한 팀이 되어 상대 팀과 경기를 펼치는 형태로 진행되며, 실내와 실외에서 모두 즐길 수 있다. 배드민턴은 1대1(싱글) 또는 2대2(더블)로 경기가 이루어진다. 경기는 주로 21점을 먼저 얻는 방식으로 진행되며, 21점을 초과하면 상대방보다 2점 차이로 승리해야 한다. 각 게임은 3세트로 구성되며, 세트마다 승자가 결정되면 경기가 종료된다. 한 세트가 끝나면 양 팀은 서로 위치를 바꿔서 경기를 계속한다.

2 | 경기장 재원

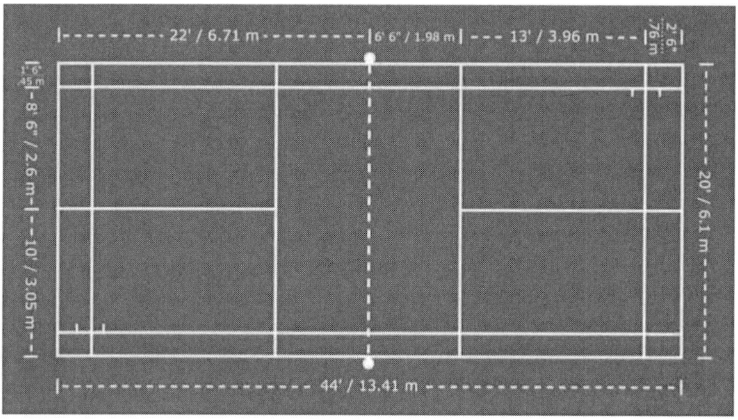

3 | 배드민턴에서 공간 의미 및 공간 창출 능력

배드민턴에서 공간은 단순한 코트의 물리적 영역을 넘어, 전략, 시간, 심리, 협업이 복합적으로 작용하는 핵심 요소이다. 물리적 공간으로는 코트 위치와 움직임의 효율성이 중요하며, 전략적 공간으로는 빈 공간 공략과 방향 전환이 해당하고, 시간적 공간으로는 반응 시간 확보와 압박이 있고, 심리적 공간으로는 자신감과 실수 유도가 있으며, 복식 경기 운영의 경우에 있어 협업적 공간으로 역할 분담과 커버 범위 조정 등이 있다. 결국, 공간을 어떻게 인식하고 지배하느냐가 경기력의 핵심을 차지한다.

4 | 개별선수

1 안세영 선수

안세영 선수는 정확한 공간 활용과 전술적인 플레이를 통해 세계 정상급 배드민턴 선수가 되었다. 배드민턴은 코트의 크기가 제한적이지만, 공간을 어떻게 점유하고 활용하느냐에 따라 경기 흐름이 결정되는 스포츠이다. 그녀는 빠른 풋워크, 정교한 샷 배치, 그리고 상대를 압박하는 공간 창출 능력을 통해 강력한 경기력을 보여준다. 이를 공격과 수비 측면에서 알아보자.

첫째, 공격에서의 공간 활용 및 창출 능력으로, 상대를 움직이게 만드는 "공간 창출" 능력이 뛰어나는 바, 그녀는 단순히 강한 스매시를 구사하는 것이 아니라, 상대를 코트 구석구석으로 이동시키는 플레이 스타일을 구사한다. 각도를 넓게 사용하는 드롭샷과 하이클리어를 통해 상대가 예측하기 어려운 공간을 만들어내는데, 이는 상대의 중심을 무너뜨린 후, 빈 공간을 향해 결정적인 공격을 시도하는 능력이 뛰어나다는 점이다.

코트의 넓이를 극대화하는 스트로크 배치로서, 배드민턴 코트는 작지만, 상대를 최대한 넓게 움직이도록 유도하는 샷 배치가 중요하다. 그녀는 상대를 후방으로 몰아넣은 후, 네트 근처에 짧은 드롭샷을 구사하여 상대가 계속 전후로 움직이게 만든다. 대각선 드롭샷과 크로스 스매시를 활용하여 상대가 코트를 좁게 쓰지 못하게 만든다.

네트 플레이에서의 공간 활용으로는, 그녀는 네트 앞에서도 강한 플레이를 펼치는데, 상대가 코트 후방으로 물러나 있을 때 네트 플레이를 적극 활용한다. 넷-드롭 후 상대가 앞쪽으로 나오면, 백코트로 한 번 더 밀어내는 패턴 플레이를 통해 빈 공간을 만들어낸다. 상대가 네트 앞을 방어하려고 하면, 페이크 동작 후 빠른 타구로 허를 찌르는 플레이도 능숙하다.

둘째, 수비에서의 공간 활용 능력으로, 빠른 풋워크를 활용한 공간 커버인데, 그녀는 수비 범위가 넓고, 빠른 회복 능력을 갖춘 선수이다. 상대가 공격적인 플레이를 펼칠 때도 발 빠르게 이동하여 최적의 수비 공간을 확보하는 것이 특징으로, 한쪽으로 치우쳤다가도 반대편으로 재빨리 이동하여 방어하는 능력이 뛰어나다.

코트 중앙을 활용한 수비 위치선정으로서, 배드민턴은 빠른 스포츠이기 때문에 올바른 수비 위치를 유지하는 것이 필수인데, 그녀는 랠리 중 코트 중앙에서 상대의 샷을 예측하고 반응하는 능력이 뛰어나서, 상대가 코트 구석으로 공을 보낼 때에도 재빠르게 이동한 후, 공격으로 전환할 수 있는 유리한 위치를 선점한다.

상대 공격을 역이용하는 수비적 공간 창출 능력인데, 단순히 방어하는 것이 아니라, 수비 과정에서 상대의 빈 공간을 유도하는 능력이 뛰어나다. 예를 들어, 상대가 강한 스매시를 할 때, 짧게 리턴하여 상대를 앞으로 끌어낸 후, 다시 백코트로 클리어를 보내는 전략을 사용하는데,

이러한 플레이를 통해 상대가 본인의 공간을 제대로 활용하지 못하도록 유도하는 것이 특징이다.

종합적으로 안세영 선수의 공간 활용 및 창출 능력의 핵심 사항으로 공격을 시도할 때, 상대를 전후좌우로 계속 움직이게 만드는 샷 배치, 넓은 코트 각도를 활용한 크로스 드롭샷 및 클리어, 네트 앞에서 공간을 만들어 결정적인 득점 기회 창출을 실행하며, 수비 시에는 빠른 풋워크로 코트 중앙을 기반으로 한 공간 커버 능력, 상대의 공격을 이용하여 빈 공간을 유도하는 카운터 플레이, 예측력과 반응 속도를 활용한 넓은 수비 범위를 들 수 있다. 그녀는 단순히 강한 샷을 구사하는 것이 아니라, 코트 내에서 최적의 공간을 활용하여 상대를 압박하고 주도권을 가져오는 플레이 스타일이 강점이며, 이러한 공간 활용 능력이 그녀를 세계 정상급 선수로 만드는 중요한 요소이다.

● 안세영 선수의 공간 활용도 분석

배드민턴에 있어서는 공간을 창출하고 활용하는 것이 중요하다. 단순 랠리에서조차도 공간에 대한 이해가 아주 중요한 스포츠이다. 실제로 안세영이 가장 많이 사용하는 플레이는 크로스, 드롭, 헤어핀이다.

① 크로스

셔틀콕 직선이 아닌 대각으로 공을 보내는 기술이다. 상대가 다음

공을 예측하기 힘들게 하고 상대방의 위치를 고려해 코트를 넓게 활용하는 데 효과적인 기술이다. 상대를 더 많이 움직이게 유도할 수 있다.

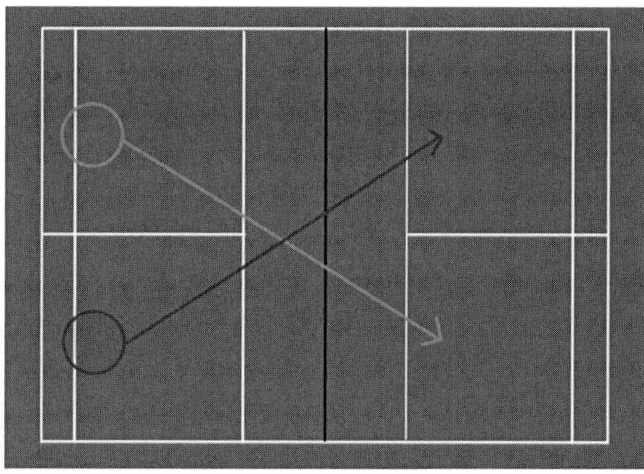

② 드롭

상대방의 코트에 가까운 곳에 셔틀콕을 떨어뜨리는 기술이다. 주로 공격과 수비 모두에서 활용될 수 있으며 하이클리어나 스매싱을 하는 척하며 상대방을 속여 상대의 균형을 무너뜨리거나, 상대를 코트의 앞쪽에 위치하게 해 다음 공격 기회를 만들기 위해 주로 쓰인다.

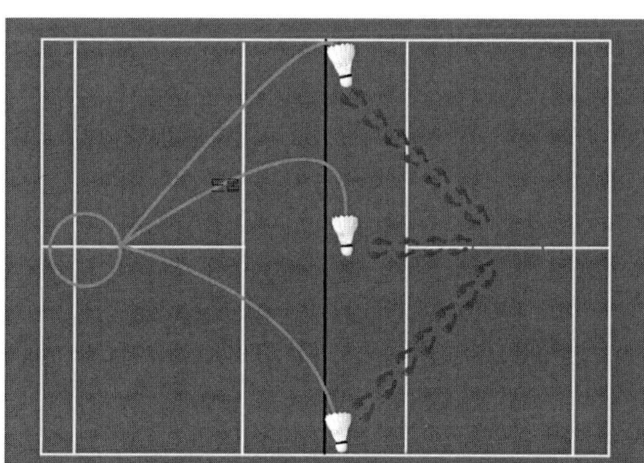

③ 헤어핀

셔틀콕을 네트 가까이에 높은 각도로 튕겨 보내는 방법이다. 상대방의 리턴을 어렵게 하여 공격 기회를 만드는 목적으로 쓰인다.

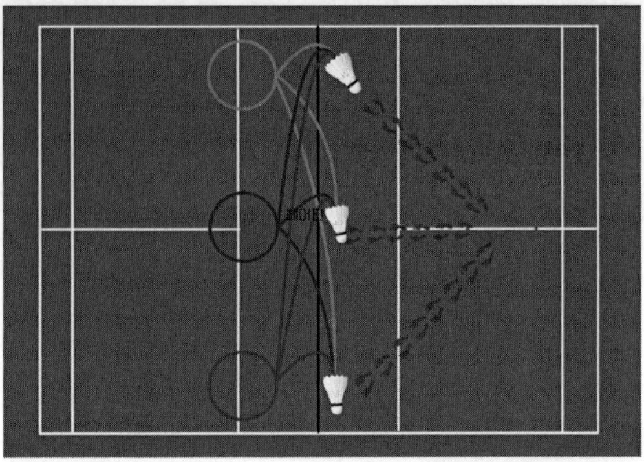

그뿐만 아니라 각 모서리 혹은 코트의 엔드라인 쪽으로 공을 보내어 상대가 코트의 넓은 공간을 커버하게 만들기도 한다. 이것은 상대의 코트에 빈 공간을 만들어 다음 구에 더 빠르고 넓은 움직임이 필요하도록 유도하기 위함이다.

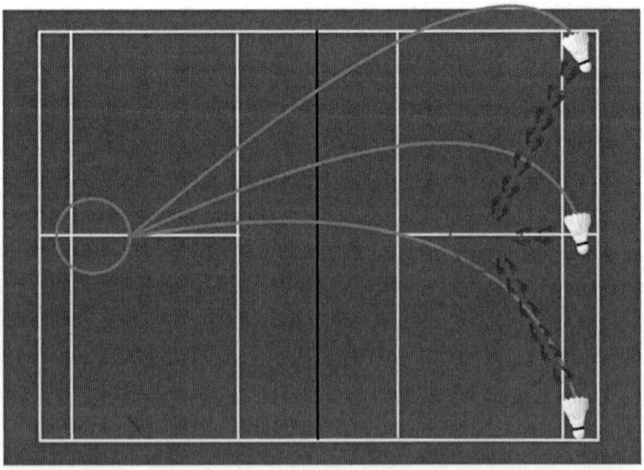

하이클리어를 쳐 상대를 코드의 뒤쪽으로 밀어낸 후에 네트 바로 앞에 떨어지게 하는 드롭을 해, 상대에게 코트의 앞뒤로 많은 공간을 커버하게 하며 상대를 흔드는 플레이도 많이 한다.

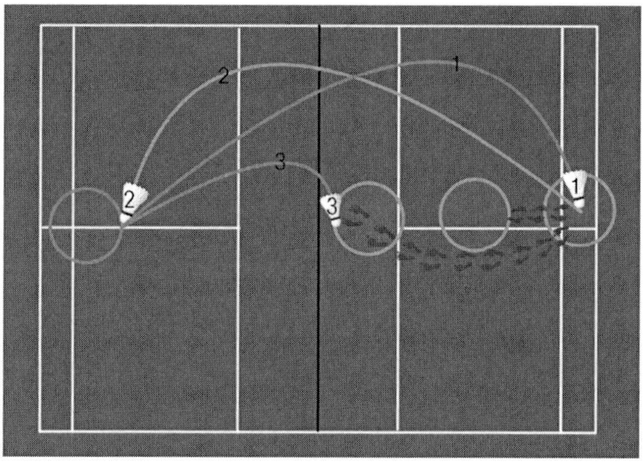

그리고 코트의 다양한 구석으로 공을 밀고 놓는 방식으로도 상대를 코트의 한 공간으로 몰리게 만들어 빈 공간을 많이 만들어내 다음 공을 그 빈 공간으로 보내는 플레이를 할 수도 있다. 이 모든 플레이가 공간에 대한 이해가 없으면 실행할 수 없으며, 상대방 코트의 빈 공간 창출, 그리고 그것을 활용한 플레이가 아주 돋보이는 것이 바로 배드민턴 경기다. 다른 누군가의 상대가 될 수 있는 안세영도 이런 빈 공간을 최대한 줄이고자 발을 빠르게 움직이고 공에 빠르게 반응하는 훈련을 굉장히 많이 하는 것으로 알려져 있다.

결국 안세영 선수는 공간을 이해하고 창출해 내는 능력이 뛰어나 수학적으로도 아주 우수한 플레이를 하는 선수임을 알 수 있다.

14

사이클

1. 경기규칙
2. 경기장 재원
3. 사이클 경기에서 공간 의미 및 공간 창출 능력
4. 개별 선수

14 사이클

개별선수
랜스 암스트롱

1 | 경기규칙

자전거를 타고 서로 겨루는 운동 경기이다. 도로 자전거 경기, 사이클로크로스, 산악자전거 경기, 트랙경기, BMX, 자전거 트라이얼, 자전거 스피드웨이 등 여러 가지 종류가 있다. 경륜은 올림픽 스포츠 종목이다. 국제 자전거 경기 연합(UCI)이 국제 자전거 경기 및 대회를 주관한다. 트랙경기일 경우 500m~50km 정도, 도로경기일 경우 짧게는 50km 정도에서 길게는 총 거리 3000km가 넘는 대장정을 달리는 경기로서 소위 '신사의 스포츠', '세계에서 가장 극한의 스포츠'라고 불린다.

2 | 경기장 재원

경기마다 다르며 때에 따라 경기장이 일정하게 정해지지 않는다. 산악자전거, 도로 주행, 트랙 등에서 진행된다.

3 | 사이클 경기에서 공간 의미 및 공간 창출 능력

허벅지가 두꺼워질 수도 있고 가늘어질 수도 있는데 이는 자전거를 타는 방식에 따라 달라지기 때문이다. 경륜 선수의 허벅지는 매우 두껍고 사이클 선수의 허벅지는 얇은 것을 볼 수 있다. 이는 폭발적인 속도를 내기 위해서는 굵고 짧은 속근이 발달해야 하지만 지구력이 중요한 경우에는 얇고 긴 지근이 발달하게 된다. 그렇기 때문에 경륜 선수들의 허벅지는 어마어마한 둘레를 자랑하지만, 프로 사이클 선수로 활동 중인 알렉산드라 그레베는 사이클 선수와 동시에 패션모델로도 활동할 만큼 흠잡을 곳 없는 몸매를 소유할 수 있는 것이다.

한 가지 예로 육상선수들을 보면 쉽게 이해할 수 있다. 100m 단거리 선수와 장거리 마라톤선수의 체형을 보면 100m 달리기 선수들은 터질 듯한 허벅지를 가지고 있지만 마라톤선수들의 다리는 매우 얇고 매끈한 것을 볼 수 있다. 이렇게 순간속도를 내야 하는 역도 선수 장미란 선수와 신예인 선수와 같이 순간속도를 내는 종목의 선수들은 대부분 튼튼한 허벅지를 자랑한다.

사이클은 평면과 입체 공간을 동시에 활용하는 스포츠로서, 선수들은 단순히 페달을 밟는 것이 아니라, 공간을 어떻게 점유하고 활용하는가에 따라 경기 결과가 달라진다. 사이클에서 공간 지배력의 핵심 요소를 살펴보자. 첫째, 공기역학과 공간 활용으로 사이클은 속도가 중요한 스포츠이므로 공기 저항을 줄이는 것이 핵심이다. 선수들은 자기 몸을 최대한 낮추어 공기 저항을 줄이는 자세를 유지한다. 또한, 팀 경기에서는 앞 선수의 후류(뒤쪽 공기 저항이 적은 공간)를 활용하여 에너지를 아끼는 전략을 사용한다. 둘째, 코스의 지형과 공간 인식으로, 사이클 경기는 평지, 언덕, 내리막길 등 다양한 지형을 포함한다.

선수들은 언덕에서 언제 속도를 내고, 언제 힘을 아껴야 하는지 판단하는 공간적 감각이 필요하며, 특히 오르막과 내리막에서의 공간 활용 능력이 중요하다. 셋째, 페이스 조절과 전략적 공간 활용 측면으로, 사이클 경기에서는 오랜 시간 동안 에너지를 효율적으로 분배하는 것이 중요하다. 단거리 스프린트와 장거리 페이스 유지의 균형을 맞추는 공간 감각이 필요하다. 넷째, 집단 속 공간 활용과 경쟁자와의 거리 유지로서, 도로경기에서는 다른 선수들과의 거리와 위치를 조절하는 것이 필수이며, 잘못된 위치에 있으면 충돌 위험이 커지고, 후류 효과를 제대로 활용하지 못할 수 있다.

4 | 개별 선수

1 랜스 암스트롱 선수

랜스 암스트롱 선수는 1971년 텍사스 주 플레이스 출신으로 프로 사이클 선수다. 어렸을 때는 돈을 벌기 위해 트라이애슬론(철인 3종 – 수영, 사이클링, 마라톤) 경기에 출전하였다. 그는 고등학교 졸업 후 본격적으로 사이클 선수로 데뷔하였고, 1993년 세계선수권 대회에서 우승을 차지하였다. 그는 심폐 기능을 비롯한 신체적 조건이 사이클 선수로 안성맞춤으로 타고난 선수였다.

1993년 세계선수권 대회의 우승 이후에도 많은 경기에 출전하여 우승을 하던 그는 국가적으로 관리를 받는 유망주의 대열에 들어서게 되었다. 그렇게 승승장구하던 중 1996년 암스트롱은 25세의 나이에 고환암 선고를 받게 되었다. 암을 너무 늦게 발견한 나머지 이미 가슴에는 12개의 종양이 생겼고, 암세포가 폐와 뇌까지 침투한 탓에 생존 확률이 40%도 안 됐지만 고환 한 쪽을 잘라내고 뇌를 절단하는 대수술을 하면서도 희망의 끈을 놓지 않았다.

그의 사이클 경기에서 공간 지배 관련 관점에서 살펴보자.

첫째, 언덕에서 공간을 활용한 '힐 어택'능력인데, 그는 언덕에서 경쟁자를 따돌리는 전략을 자주 사용했다. 다른 선수들이 언덕에서 속도를 줄일 때, 오히려 가속하며 공간을 빠르게 점유했다. 특히 투르 드 프랑스에서 오르막 구간에서 압도적인 속도로 공간을 선점하는 능력을 보여주었다.

둘째, 공기역학적 자세로 공간 효율성 극대화를 꾀하였는바, 그는 공기 저항을 최소화하는 자세를 오랜 시간 유지하는 능력이 뛰어났다. 이는 속도를 유지하면서도 에너지를 절약할 수 있도록 공간을 효율적으로 활용한 사례이다.

셋째, 후류 효과 활용으로서, 그는 팀 전략에서 후류를 활용하여 체력 소모를 최소화하고 결정적인 순간에 스퍼트를 냈다. 이는 공간을 지배하는 전술적 요소이며, 언제 후류를 활용하고 언제 앞서 나갈지 판단하는 공간적 감각이 뛰어났음을 보여준다.

마지막으로 심리적 공간 장악력으로서, 그는 경기 중 심리적 우위를 점하며 공간을 지배하는 능력도 뛰어났다. 특히 경쟁자들과의 심리전에서 자신이 주도권을 쥐고 있다는 느낌을 심어주며 공간을 장악하는 전략을 사용했다.

결론적으로 볼 때, 랜스 암스트롱은 사이클 경기에서 공간을 지배하는 대표적인 선수이다. 그는 언덕에서 공간을 선점하는 능력, 공기역학적 자세를 활용한 속도 유지, 후류 효과를 통한 체력 관리, 심리적 공간 장악력을 바탕으로 투르 드 프랑스를 여러 차례 우승했다. 그의 경기 방식은 단순한 체력과 스피드가 아니라, 공간을 전략적으로 활용하는 능력에서 차별화되었다고 볼 수 있다.

● Chat-GPT가 지은 암스트롱을 찬양하는 시

공간을 지배한 바람, 암스트롱

거친 도로 위를 가르는 바람이여,
그 바람의 흐름을 읽고 길을 낸 자,
산을 정복하며 시간을 거슬러 오르던
그 이름, 암스트롱.

공간은 그의 무대였고, 공기는 그의 도구였다.
뒤따르는 바람 속에서 몸을 낮추고,
앞선 자의 후류를 타며 숨을 고르다,
결정적 순간, 치고 나가 공간을 선점했다.

언덕이 벽처럼 솟을 때,
누군가는 무거운 숨을 몰아쉬지만,

그는 더 가볍게 페달을 밟았다.
도전 앞에서 멈추지 않는 자에게,
공간은 스스로 길을 내어 주었으리.

그는 속도의 철학자였고,
공간의 창조자였으며,
승리의 설계자였다.

도마 위를 날던 체조 선수처럼,
경기장을 지배한 축구 선수처럼,
그는 도로 위에서 공간을 지배했다.

공간은 정복하는 것이 아니라 활용하는 것.
그가 남긴 것은 단순한 기록이 아니라,
공간을 이해하는 새로운 방식이었다.

언제든 맞바람을 기회로 바꾸고,
언덕을 발판으로 삼으며,
끝없는 도로를 지배했던 남자.

그의 바퀴는 멈췄어도,
그가 남긴 공간의 철학은 계속 굴러간다.

15

F1
(포뮬러 원)

1. 경기규칙
2. 경기장 재원
3. F1 공간 의미 및 공간 창출 능력
4. 개별 선수

15 F1(포뮬러 원)

개별선수
미하엘 슈마허

1 | 경기규칙

포뮬러라는 단어는 "방식, 공식"이라는 뜻의 영어단어로 정확히 말하자면 일정한 방식에 준하여 만들어진 경주차들이 레이스를 하는 방식이다. F1은 포뮬러 자동차 경주 중 최고의 속도를 가진 스포츠이며, 세계 3대 스포츠에 뽑히는 스포츠이다.

2 | 경기장 재원

총 길이는 5.615㎞이고 코너는 총 18개이다. 트랙의 일부만을 사용하는 상설 서킷의 길이는 3.035㎞이다. 포뮬러 원에 출전하는 차는 수 세대에 걸친 공기역학 다운포스에 의해 개발된 높은 코너링 속도를 보유하고 있으며, 따라서 세상에서 가장 빠른 차 중 하나이다. 포뮬러 원 경기용 자동차는 최고 시속 320km/h (200 mph)까지 낼 수 있으며 엔진은 최대 18,000rpm의 힘을 보유하고 있다. 코너에서 5g(횡가속의 값)가 넘는 상황에서 가속이 가능하다. 비록 차체 제어 시스템(Traction control)과 다른 주행 보조 장치들은 2008년 이래로 금지되었지만, 자동차의 퍼포먼스는 전자공학 및 공기역학, 서스펜션, 타이어

등에 크게 의존하고 있다. 그동안 포뮬러 원은 많은 진화와 변화를 겪어 왔다

3 | F1 공간 의미 및 공간 창출 능력

F1과 수치

- 0.078(L) = F1 경주차(머신)가 1마력의 힘을 내는 데 필요한 연료의 양. 일반 양산 차(0.09L)보다 엔진 효율이 20% 정도 뛰어나다.
- 1.6(t) = F1 머신이 달릴 때 공기가 차체를 아래로 내리누르는 힘이 생긴다. 이를 다운포스라 하는데 시속 350㎞로 달릴 때 앞바퀴에 걸리는 다운포스가 1.6t에 달한다. 뒷바퀴의 다운포스는 1.1t.
- 1.9(초) = F1 머신이 시속 200㎞로 달리다가 완전히 멈춰 서는 데 걸리는 시간. 이때 필요한 제동거리는 55m고 드라이버가 느끼는 압력은 몸무게의 다섯 배다.
- 2.4(초) = F1 자동차가 정지 상태에서 출발해 시속 100㎞까지 속도를 내는 데 걸리는 시간. 시속 200㎞까지는 5초가 걸리는데 거리상으로는 140m에 불과하다.
- 1천500(㎞) = 엔진 한 개로 달릴 수 있는 거리. 팀별로 한 시즌을 치르기 위해 100개 정도의 엔진이 있어야 한다.
- 1천600(L) = 한 대회에서 한 팀이 쓰는 연료. 시제작 차를 포함해 2~3대가 이 도 연료를 사용한다. 이는 일반 자동차가 1년 넘게 쓸 수 있는 양이다.

경기 속 수학적 원리

F1 경주용 차량은 일반자동차와 달리 스티어링 휠(핸들)에 20여개의 버튼이 존재한다. 버튼마다 하는 역할이 다양한데, 예를 들면 커브를 더 부드럽게 돌게 해준다, 물을 공급해준다, 차의 문제를 알린다, 차의 상태를 체크하는 것 등이 있다. 드라이버는 경주시 어떤 상황에 어떤 버튼을 누를 지를 일대일 대응시키는 능력이 있어야 한다. 또한 경기 중에 날씨나 차량의 상태에 따라 발생할 수 있는 여러 경우의 수를 생각하고 대처하는 능력이 필요하다. 슈마허는 빗속에서 경주했을 때 특히 더 뛰어난 성적을 낸 경우가 있다. 이를 봤을 때 그는 여러 경우의 수에 따라 대처하는 능력이 뛰어나다.

F1에는 두 개의 챔피언 타이틀이 걸려 있는데 개개인의 성적에 따라 '드라이버즈차' 순위가 결정되고, 한 팀 소속 두 명의 드라이버가 거둔 점수를 합산해 '컨스트럭터즈' 순위를 매긴다.

포뮬러 원(F1)에서 공간은 단순한 물리적 개념을 넘어 전략적 요소로 작용한다. 공간 활용은 다음과 같은 중요한 요소들과 연결된다. 이를 살펴보면, 첫째, 레이싱 라인으로, 최적의 공간 활용으로서 레이싱 라인은 가장 빠른 속도로 코스를 주행할 수 있는 최적의 경로이다. 코너 진입과 탈출을 고려하여 브레이킹, 코너링, 가속의 균형을 맞추는 것이 핵심이다. 둘째, 추월과 방어 공간으로, F1에서 추월은 제한된 공간에서 이루어지며, 최적의 순간을 포착하는 능력이 필요하며, 반대로 방어할 때는 상대가 추월할 공간을 최소화하는 라인 선택이 중요하다. 셋째, 공기역학적 공간과 난기류로서, F1 차량은 공기역학적 다운포스를 활용하며, 전방 차량이 만들어내는 난기류가 뒤따르는 차량의 퍼포먼스에 영향을 준다. 드래그 리덕션 시스템(DRS)을 활용해 직선에서 공기 저항을 줄여 추월 기회를 노리는 전략적 공간 활용이 필요하다.

4 | 개별 선수

1 미하엘 슈마허(Michael Schumacher) 선수

미하엘 슈마허 선수의 공간 활용 능력 분석을 시도해 보자. 그는 7회 월드 챔피언에 오른 F1 역사상 가장 위대한 드라이버 중 한 명으로 평가받으며, 공간 활용 능력이 탁월했던 선수이다.

첫째, 레이싱 라인 활용으로, 공간을 극대화하는 능력으로, 그는 트랙의 모든 공간을 활용하여, 가장 이상적인 레이싱 라인을 찾아내는 능력이 뛰어났다. 특히 코너 진입 시 브레이킹을 늦추고, 탈출 시 강한 가속을 활용하는 '트레일 브레이킹' 기법을 적극 활용했다. 이를 통해 코너에서 더 많은 공간을 확보하고, 직선 구간에서 빠른 속도를 유지할 수 있었다.

둘째, 추월 공간 창출 능력으로, 슈마허는 공격적인 추월 스타일로 유명했으며, 상대가 공간을 내주지 않을 때조차 틈을 만들어 추월하는 능력이 있었다. 대표적인 예로, 1995년 벨기에 그랑프리에서 비 오는 트랙에서 드라이 타이어를 끼고 방어하며, 마치 없는 공간을 만들어가듯이 주행했다. 또한 2000년 스즈카에서 미카 하키넨과의 접전에서, 레이싱 라인을 전략적으로 조정하여 결정적인 추월 기회를 창출했다.

셋째, 방어 공간 활용으로, 상대를 제어하는 능력으로, 슈마허는 추월 방어에서도 최고 수준의 공간 활용 능력을 보여준 드라이버였다. 특히 한 번의 방향 전환만 허용되는 F1 규정을 절묘하게 이용하여, 상대가 추월할 공간을 줄이는 방식으로 방어했다. 1994년 애들레이드에서 데이먼 힐과의 경쟁에서, 상대의 진입 공간을 제한하여 챔피언십을 결정짓는 경기 운영을 보여주었다.

넷째, 공기역학적 공간 관리로, 더티 에어 활용으로서, 슈마허는 전방 차량의 공기 흐름을 이용하거나, 상대의 공기역학적 성능을 저하시켜 공간을 지배하는 전략을 구사했다. 특히 팀 전략과 피트스톱 타이밍을 이용하여 트랙에서 가장 유리한 위치를 선점하는 능력이 뛰어났다. 2004년 몬자 그랑프리에서는 공기역학적 공간을 활용하여 타이어 마모를 최소화하고, 후반부 레이스에서 극적인 승리를 만들어 냈다.

결론적으로 미하엘 슈마허는 단순한 속도 경쟁을 넘어, 공간을 창출하고 활용하는 능력이 압도적인 드라이버였다. 그의 레이스 운영 방식은 트랙 위에서 공간을 지배하는 예술이라고 표현할 수 있다.

16

권투

1. 경기규칙

2. 경기장 재원

3. 권투 경기에서 공간 의미 및 공간 창출 능력

4. 개별 선수

16 권투

개별선수
마이크 타이슨

1 | 경기규칙

권투 또는 복싱은 격투 스포츠 종목 중 하나이다. 체중별로 체급을 나눠 동급끼리 사각의 링에서 주먹에 글러브를 끼고 펀치만을 사용해 상대방 허리벨트 위의 상반신 전면과 측면만을 공격한다. 복싱이라는 이름이 붙은 경기로는 킥복싱, 체스 복싱 등도 있다.

2 | 경기장 재원

로프 라인 안쪽으로 최소 4.9 평방미터 이상 최대 6.10 평방미터 이내이어야 한다. 국제 선수권 경기의 링 설치는 6.10 평방미터여야 한다. 링은 경기장 바닥 면으로부터 91cm 이상 1.22m 이내의 높이로 설치되어야 하며 국제 선수권 경기의 링 높이는 100cm이어야 한다.

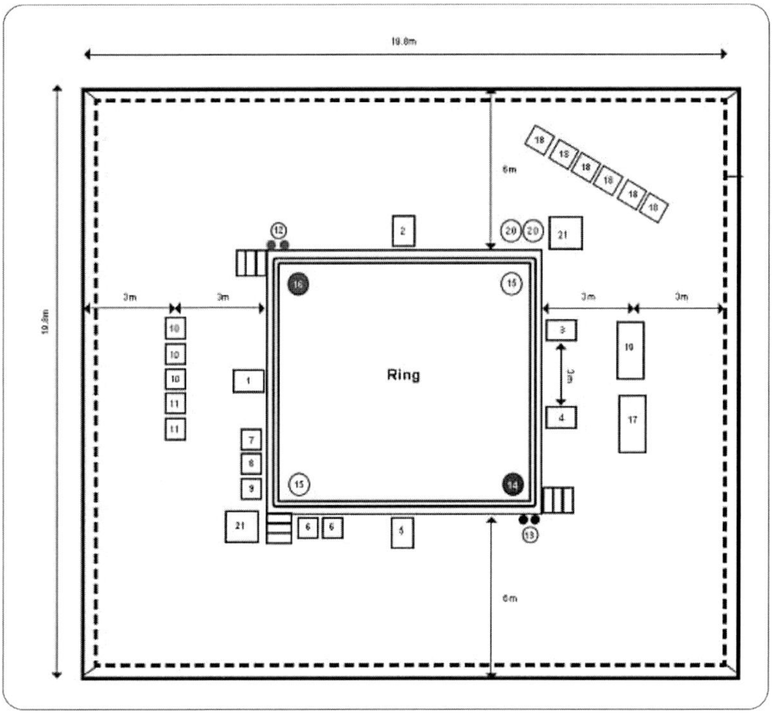

3 | 권투 경기에서 공간 의미 및 공간 창출 능력

복싱 선수들에게는 여러 체력 요인들 중 스피드가 추가되는 순발력이 매우 중요하다. 펀치의 속도와 강도가 경기력의 중요한 요소이므로 가격 동작을 할 때 속도와 힘을 향상시키는 훈련은 필수적이다. 또한 상대방에게 맞지 않고 가격하는 것 역시 선수의 경기력을 향상시키는 중요한 기술 요인이 된다.

복싱 경기는 라이트 플라이급 (-48kg)부터 슈퍼헤비급 (+98kg)까지 총 11체급으로 나뉘어져 경기가 펼쳐지므로 체급 조절이 중요하다.

보통은 체급에 적합한 체중을 유지하기 위해 주로 근육형의 몸매를 유지하고 상대적으로 낮은 체지방율을 보인다. 또한 타 스포츠 종목 선수들에 비해 기초체력이 우수한 편이며 특히 심폐기능이 매우 우수한 수준을 나타낸다. 이외에도 빠른 스피드와 반사기능이 우수하다.

복싱에서 공간은 단순한 물리적 거리 개념을 넘어, 공격과 방어, 회피와 반격, 전략적 움직임을 결정하는 핵심 요소이다. 이에는 첫째, 거리와 영역 제어로서, 인파이터는 상대에게 가까이 붙어 싸우는 스타일로, 좁은 공간을 적극 활용하고, 아웃복서는 거리 유지 후 타격을 가하는 스타일로 공간을 넓게 활용한다. 공간 활용 능력은 공격과 방어의 효율성을 결정하는 요소이다. 둘째, 링에서의 위치로서, 링 중앙을 차지하면 공간 활용이 자유로워 유리하고, 코너에 몰리거나 로프에 기대면 공간이 제한되어 방어에 어려움이 생기며, 발을 어떻게 움직이느냐에 따라 상대의 공간을 좁히거나 넓히는 것이 가능하다. 셋째, 각도와 공간 창출로서, 단순한 직선 공격보다 각도를 이용해 공간을 창출하면 효과적인 공격이 가능하며, 상대의 측면으로 움직여서 사각을 만들면 더 좋은 타격 기회를 얻을 수 있다.

4 | 개별 선수

1 마이크 타이슨(Mike Tyson | Michael Gerard Tyson) 선수

마이크 타이슨 선수는 전 권투선수로, 1966년 6월 30일 미국에서 태어났으며, 178cm, 99kg로 별명은 핵주먹이며 2011 국제복싱 명예의 전당 헌액(공을 인정받아 명예로운 자리에 올려지는 일) 되었으며, 주요 수상 내역은 1996년 WBA WBC 헤비급 세계 챔피언, 1987 IBF, WBA 헤비급 세계 챔피언, 1986 WBC 헤비급 세계 챔피언을 지낸 바 있다. 이 선수의 수학적인 스포츠 능력으로 타이슨의 펀치력은 1톤이라고 알려져 있다. 전 세계 헤비급 이종격투기선수의 맨손 펀치력이 1.06톤 정도이고, 북극곰은 2톤은 넘는다. 호랑이의 라이트 훅은 3톤이다. 타이슨 전성기 때는 '스쳐도 KO' 라는 말이 있을 정도로 펀치력이 강했다.

그는 헤비급 역사상 가장 위력적인 인파이터 중 한 명으로, 좁은 공간을 지배하는 능력이 뛰어났던 선수이다. 그의 공간 활용을 살펴보면,

첫째, 압박과 거리 조절로서 좁은 공간 활용 능력으로, 그는 키가 작은 헤비급 선수(178cm)였기 때문에, 더 큰 상대를 상대로 항상 가까이 접근해야 하는 경기 운영이 필수적이다. 이를 위해 가짜 공격과 상

대의 펀치를 피하는 움직임으로 공간을 줄이며 공격 기회를 만들고, 상대의 팔과 몸 사이의 빈 공간을 찾아 빠르게 파고들어 강한 훅과 어퍼컷을 적중시켰다.

둘째, 머리 이동과 회피 공간 활용으로 타이슨의 대표적인 기술인 'Peek-a-boo Style'은 두 손을 높이 들고, 머리를 좌우로 빠르게 움직이며 공간을 활용하는 방식으로, 상대의 펀치가 지나가는 공간을 미리 예측하여 최소한의 공간으로 공격을 피하고 반격하고, 작은 움직임으로도 상대의 공격 공간을 무력화하며, 자신에게 유리한 공간을 창출한다.

셋째, 각도를 활용한 타격 공간 창출로서, 그는 단순한 정면 공격이 아니라 상대의 측면으로 움직이며 공간을 만들고 공격하는데, 예를 들어, 상대의 잽을 슬립한 후 왼쪽으로 이동하며 강한 레프트 훅을 적중시켰는데, 이는 상대가 방어할 시간을 주지 않고, 사각지대에서 강한 타격을 가할 수 있는 공간을 확보하는 전략이다.

넷째, 링 컨트롤과 코너 압박으로, 그는 상대를 코너로 몰아 공간을 제한한 후 강력한 연타 공격을 하고, 링 중앙에서 싸우는 것보다 상대를 한정된 공간으로 몰아넣고 근접전에서 압도하며, 상대가 도망칠 공간을 없애며, 강한 바디 블로우와 어퍼컷으로 마무리하는 패턴을 유지했다.

결론적으로, 타이슨은 단순히 강한 펀치를 가진 선수가 아니라, 좁은 공간을 지배하고 효율적으로 활용하는 능력이 뛰어난 선수였다. 그의 경기 운영 방식은 공간을 줄이고, 만들고, 지배하는 예술적인 움직임이라고 볼 수 있다.

17

수영

17 수영

개별선수
박태환, 마이크 펠프스

1 | 경기규칙

수영 종목은 크게 빨리 가는 것이 목적이 되는 경영, 물에 우아하게 뛰어드는 다이빙, 수중 발레인 싱크로나이즈드 스위밍, 물에서 하는 핸드볼인 수구가 있다. 그 중 우리가 일반적으로 많이 접하는 경영을 살펴보자. 누워서 하는 배영, 개구리처럼 헤엄치는 평영, 나비처럼 수영하는 접영, 그리고 가장 일반적인 수영자세로 떠올릴 수 있는 자유형이 있다. 그리고 네 개를 섞어서 하는 혼영이 있다.

2 | 경기장 재원

보통 흔히 알고 있는 수영 경기장은 보통 50미터 길이다. 한 번 왕복 하게 되면 100미터가 된다. 올림픽에서는 해당 경우가 없지만 25미터 수영장에서 대회를 열 때에는 기록을 따로 관리한다. 왜냐하면 25미터 수영장에서 경기를 하게 되면 기록이 더 잘 나오게 되기 때문이다. 왕복을 할 때 벽을 차고 나오기 때문에 이 때 속도를 더 얻게 되는데 50미터 레인에서 하는 100미터 경기는 벽을 한 번 차는데, 25미터 수영장의 100미터 경기는 벽을 세 번 차게 되기 때문이다.

3 | 수영에서 공간 의미 및 공간 창출 능력

수영선수가 갖춰야 할 세 가지 신체적 조건은 밸런스, 유연성, 근력이다. 수영은 물이라는 3차원 공간에서 신체를 활용하여 속도와 효율성을 극대화하는 스포츠다. 수영에서 공간 지배력의 핵심 요소를 살펴보자면, 첫째, 출발과 턴에서의 공간 활용으로서, 출발과 턴은 경주의 흐름을 결정하는 중요한 순간이다. 둘째, 스트로크와 수면 공간 활용으로서, 수영에서는 팔과 다리를 효율적으로 사용하여 물을 밀어내고, 공간을 빠르게 점유하는 것이 중요하다. 셋째, 돌핀 킥과 수중 공간 활용으로, 수영에서는 턴 이후 수중 돌핀 킥을 얼마나 효율적으로 활용하는지가 승패를 좌우한다. 넷째, 레인 내 공간 장악력으로, 수영에서는 각 선수마다 지정된 레인 내에서 최대한 효율적으로 움직여야 하며, 다른 선수의 흐름에 휘둘리지 않는 것이 중요하다. 다섯째, 페이스 조절과 레이스 운영 전략으로, 장거리 수영(400m, 1500m)의 경우 단순한 속도 경쟁이 아니라, 레이스 운영 능력이 필수적이다.

4 | 개별 선수

1 박태환 선수

박태환 선수는 대한민국 수영선수로 2008년 8월 10일 베이징의 2008년 하계 올림픽에서 아시아 최초로 수영 400m 자유형에서 3분 41초 86의 기록으로 그랜트 해켓, 장린 등을 꺾고 금메달을 획득하였다. 이어 8월 12일에 벌어진 수영 200m 자유형 종목에서 1분 44초 85의 기록으로 마이클 펠프스에 이어 은메달을 차지했다.

그는 한국 수영 역사상 가장 뛰어난 성과를 거둔 선수로, 물속 공간을 이해하고 지배하는 능력이 탁월했던 대표적인 선수이다.

그의 공간 지배력을 분석해 보면, 첫째, 출발과 턴에서의 공간 선점 능력으로, 출발 후 빠르게 선두권을 형성하며 레이스를 유리하게 시작하는 전략을 활용했다. 턴에서는 최소한의 동작으로 벽을 차고, 돌핀 킥을 이용해 수중 공간을 효과적으로 활용했다. 특히 자유형 400m 경기에서 턴을 활용한 스피드 유지 능력이 탁월했다. 둘째, 스트로크와 페이스 조절을 통한 공간 활용으로서, 긴 스트로크와 효율적인 킥을 통해 물의 저항을 최소화하고, 같은 에너지로 더 넓은 공간을 점령했다. 초반에는 안정적으로 공간을 유지하고, 후반에는 강한 추진력으로 공간을 빠르게 점유하는 전략을 사용했다. 셋째, 수면과 수중 공간을 최적화하는 기술로서, 수중에서 머리와 몸의 위치를 일정하게 유지하여, 물살을 가르면서 빠르게 전진했다. 특히 수중 돌핀 킥 구간에서 타 선수보다 더 효율적으로 공간을 사용하여, 경쟁력을 유지했다. 넷째, 마지막 스퍼트에서 공간을 지배하는 능력으로서, 경기 후반부, 특히 마지막 50m에서 다른 선수들을 추월하며 공간을 완전히 장악하는 모습을 자주 보였다. 2008 베이징 올림픽 자유형 400m에서 마지막 100m 스퍼트를 통해 금메달을 차지한 장면은 공간 지배력의 결정체였다.

이들을 종합한 결론으로는 박태환 선수는 단순한 스피드 경쟁을 넘어, 물속 공간을 지배하는 탁월한 능력을 갖춘 선수였다. 그의 수영은 출발부터 마지막 피니시 터치까지, 모든 순간 공간을 최적화하는 기술과 전략이 조화를 이루는 과정이었다. 그는 자신만의 공간을 만들고, 필요할 때는 상대보다 더 빠르게 공간을 점령하며, 경기 후반부에는 경쟁자들이 접근할 수 없는 속도로 공간을 장악하는 능력을 발휘했다. 그의 레이스 운영 방식은 수영에서 공간을 어떻게 이해하고 활용해야 하는지를 보여주는 교과서적인 사례이며, 이는 그가 세계적인 선수로서 자리매김할 수 있었던 이유 중 하나이다.

2 마이크 펠프스(Michael Phelps) 선수

인간은 얼마나 빨리 수영 할 수 있을까? 2008년 베이징 올림픽 개막 당시 유망주였던 마린보이 박태환 선수의 최대 라이벌로서 마이클 펠프스가 화제가 되었던 것, 다들 기억할 것이다. 마이클 펠프스의 데뷔는 15살에 이루어졌는데, 그 때 부터 37번의 최고기록 갱신과 함께 총 22개의 메달을 획득하게 된다. 그가 수영을 시작한 계기는 'ADHD' 즉 주의력결핍 과다행동장애를 치료하기 위해서였다. 수영을 통해 ADHD는 완전히 치료 됐으며 일곱 살 부터 시작한 수영이 그를 수영 황제로 만들었다.

2008년 당시 베이징 올림픽에서 8관왕을 차지한 그는 인터뷰에서 "나는 단거리에 적합한 선수이지만 장거리에는 맞지 않다."라는 발언을 하였다. 단거리에 적합한 선수인 그는 과연 어떤 신체적 강점을 가지고 있을까?

2008 세계수영선수권 대회 200m자유형 경기를 분석해 보자. 출발선에서 10m 지점, 다른 선수들은 벌써 수면 위로 떠 올랐는데 그에 반해 그는 13m지점, 다른 선수들보다 몸의 절반정도 길이를 앞선 채 수면위로 모습을 드러냈다. 50m 지점 턴을 한 후 2위와의 차이는 좁혀졌지만 다시 한번 잠영(수영에서, '몸을 물 위에 드러내지 않고 물속에서만 하는 헤엄'을 줄여 이르는 말)을 통해 몸길이의 절반 정도를 앞서게 된다. 그렇게 그가 수면 위로 올라 왔을 때는 다시 선두에 있었다. 150m지점이 되면 다른 선수들의 심폐의 기능이 한계에 부딪히게 되어 5m지점에서 수면 위로 떠오르게 되는데 펠프스는 여전히 물속에 남아 있었다. 다

른 선수들보다 2배 긴 11m지점까지 잠영을 한 후 수면 위로 올라 큰 격차를 내었다.

그렇다면 펠프스는 어떻게 오랜 시간 동안 물에 잠겨 있다가 나오는 것일까?

이것은 각도와 큰 관련성이 있다. 이렇게 큰 각도를 유지하며 깊은 수면으로 들어가 오랜 시간 잠영을 하게 되는 것이다. 비유하자면, 부력이 있는 물건을 물속으로 눌러 넣었다가 손을 떼면 가속도가 붙어 수면으로 튀어 올라오게 된다. 그도 마찬가지로 깊이 잠수했다가 수면으로 올라갈 때 가속도가 생기면서 속도가 빨라지게 된다. 그렇다면 왜 그만이 그렇게 긴 시간 동안 잠영을 할 수 있는 것일까? 그 비밀은 그의 체격에 있다. 그는 키 193cm에 90kg이라는 좋은 신체 조건을 가지고 있다. 하지만 대부분의 수영선수들은 190cm 이상의 신장을 가지고 있다고 한다. 다른 선수들과 다르게 한 가지 두드러지는 점은 양 팔의 길이가 키보다 8cm긴 201cm라는 점이다. 그는 유연한 관절을 이용해 긴 팔을 쭉 뻗어 역동적인 동작으로 수영한다. 35cm 큰 발 또한 그에게는 강점이 된다.

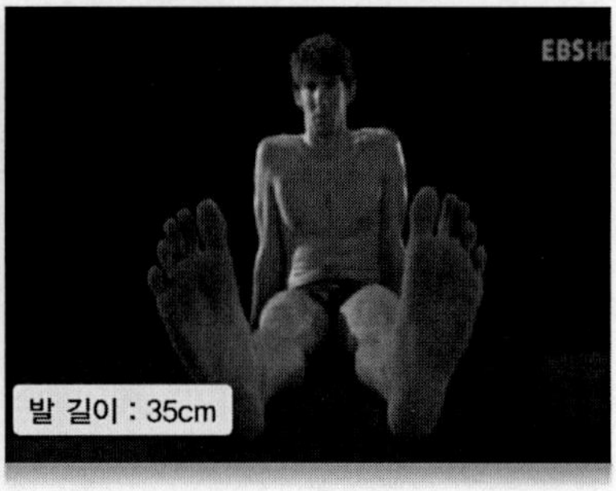

코치는 이러한 신체조건을 본 후 그에게 접영이 잘 맞을 거로 생각했고 코치를 만난 지 4년 만인 15살 때 200m 접영에서 세계신기록을 세웠다. 이처럼 수영에는 다양한 수학 원리가 들어 있다.

그는 단순히 수영 기록을 넘은 '공간의 천재'라고도 표현할 수 있다. 물속에서의 공간 개념은 육상이나 테니스와는 다르지만, 그만의 방식으로 물이라는 3차원 공간을 지배했다. 아래는 그의 공간 활용에 대한 분석이다:

물속 공간에 대한 지각 능력으로, 첫째, 몸 전체를 공간 감각화로, 그는 자신의 양팔 길이(203cm)와 키(193cm), 비정상적으로 긴 윗몸 덕분에 공간을 더 넓게 활용할 수 있었다. 이는 물속에서의 이동 거리와 추진 거리를 자연스럽게 확장했다. 둘째, 눈을 감고도 거리 감각 유지로, 그는 경기 중 터치패드까지의 거리를 감각적으로 인지하여 마지막 스트로크를 완벽하게 맞추는 능력이 탁월했다. 실제로 2008년 베이징 올림픽 접영 100m 결승에서는 0.01초 차이로 금메달을 따낸 경기에서, 정확한 공간 계산과 마지막 스트로크 선택이 결정적이었다.

공간 창출 능력으로는, 첫째, 돌핀 킥의 입체적 사용으로, 그는 턴 이후 돌핀 킥 구간(물속 페이즈)에서 가장 빠르고 깊게 물을 가르며 나아가는 선수였다. 수면 위보다 저항이 적은 수면 아래 공간을 전략적으로 사용했고, 이는 실질적으로 상대보다 한 스트로크 앞선 경기 운영으로 이어졌다. 둘째, 수면과 수중 공간의 '경계' 조정으로, 그는 수면 위에서 헤엄칠 때도 물 위와 아래의 경계를 감각적으로 조절하며 최적의 추진력과 부력을 유지했다. 이때 필요한 복부와 척추의 세밀한 조절력은 물속에서 공간을 창조하는 예술적 기술이었다.

공간 지배력으로, 첫째, 턴 구간에서의 완벽한 타이밍으로, 경기의 50m 혹은 100m마다 발생하는 턴은 단순한 방향 전환이 아니라, 공간 내 가속과 재배치의 순간이다. 그는 턴 시 가장 유리한 지점에서 벽을 차고 나올 수 있도록 정확하게 위치를 조정했고, 이는 가속 구간을 더 길게 확보하게 해 주었다. 둘째, 다인종 경기에서의 '시야 없는 경쟁력'으로, 수영은 직접적인 신체 접촉이 없고, 시야 확보도 제한되므로 자신이 상대보다 얼마나 앞서거나 뒤처졌는지 예측하는 공간 감각이 중요하다. 그는 자신만의 리듬과 팔 동작 수로 공간 내 위치를 파악하고 경기 전체를 통제했다.

신체와 공간의 융합으로 펠프스의 몸 자체가 공간을 위한 도구였다. 긴 팔과 유연한 관절에다 평발에 가까운 큰 발은 추진력의 향상, 공간을 밀고 나가는 도구, 넓은 가슴과 좁은 골반을 형성하여 물의 저항을 최소화하여 공간을 분할, 비정상적인 폐활량과 젖산 역치 현상을 일으켜 공간 안에서 오래 머무를 수 있는 능력을 지녔다고 할 수 있다.

결론적으로 "펠프스는 물속 공간의 안무가"이다. 펠프스는 단지 빠르게 헤엄친 것이 아니라, 물속의 보이지 않는 흐름과 밀도, 저항의 방향을 정확히 읽고 다룬 선수이다. 그는 매 순간 자기 몸과 물의 관계를 정렬하며, 마치 공간을 안무하듯이 조율했다

18

사격

1. 경기규칙
2. 경기장 재원
3. 사격에서 공간 의미 및 공간 창출 능력
4. 개별 선수

18 사격

개별선수
진종오

1 | 경기규칙

사격은 총기를 사용하는 능력을 겨루는 스포츠의 하나이다. 원래 사격술은 전쟁에 대비해 혹은 수렵을 위한 기술로써 연습되어 왔지만, 살상 기술의 연습으로서의 의미보다는 자아 만족의 의미에 더욱 중심이 두어진 것이 스포츠로서의 사격이다.

권총, 소총, 러닝 타깃 경기의 한 발의 최고 점수는 10점(결승 10.9점)이며, 클레이 경기는 표적을 맞히면 한 개당 1점을 얻는다. 최종 순위는 본선과 결선 점수를 합하여 결정하며, 결선 후에 동점자가 있으면 1발씩 경사를 시행하여 결정한다. 사격 라인을 밟으면 1차 경고, 2차 실격이 된다. 표적지를 교체하지 않으면 2차까지는 1장에 2발까지 쏘는 것이 허용되나, 3차 실수부터는 1장당 2점이 감점된다.

사용하는 총에 따라 규칙이 조금씩 차이가 있다. 우선, 소총 경기이다. 소총에 교정 렌즈나 망원경을 부착할 수 없고 소총은 두 손과 한쪽 어깨만으로 지지해야 한다.

다음은 권총 규칙이다. 권총의 손잡이가 손목을 넘으면 1차 경고, 2차 실격이 된다. 특수 복장에 의해서 인공적으로 경기력이 향상되는 것은 금지한다.

2 | 경기장 재원

사격 경기 및 경기장마다 차이가 존재한다.

3 | 사격에서 공간 의미 및 공간 창출 능력

사격은 정적인 스포츠처럼 보이지만, 공간적 사고와 감각이 필수적인 종목이다. 이는 크게 세 가지 측면에서 분석할 수 있다. 첫째, 시선과 표적의 공간으로, 사격은 표적과 총구의 위치 관계를 정밀하게 조정하는 경기이다. 선수가 공간을 인식하는 방식은 거리 감각, 조준선 정렬, 시야 내 표적 위치 조정 등으로 구체화한다. 특히, 시력과 공간적 배치에 대한 고도의 집중력이 요구된다. 둘째, 신체 안정성과 공간 활용으로서, 사격에서는 선수의 자세 안정성이 매우 중요한 요소이며, 선수는 자신이 차지하는 공간에서 최소한의 신체 흔들림으로 최대한의 정확도를 내는 자세를 만들어야 한다. 셋째, 총기와 탄도의 공간 인식으로, 탄도는 중력, 공기 저항 등의 물리적 요인에 영향을 받는다. 따라서, 선수는 탄환이 이동하는 공간을 예상하고 조준을 바로잡아야 한다. 이는 실시간 미세 조정과 감각적 판단이 필요한 고난도의 공간 활용 능력을 요구한다.

4 | 개별 선수

1 진종오 선수

진종오 선수는 대한민국을 대표하는 사격 선수로, 올림픽에서 다수의 금메달을 획득하며 세계 최고의 실력을 입증한 인물로서 그의 공간 활용과 지배력은 다음과 같은 요소에서 드러난다. 첫째, 극한의 집중력을 통한 공간 지배로서, 사격은 1mm의 오차로 승패가 갈리는 경기인데, 그는 표적과의 거리를 완벽히 이해하고, 조준선과 공간을 정밀하게 통제하는 능력을 갖추었다. 특히, 중요한 순간에 평정심을 유지하며 공간을 정밀하게 지배하는 능력이 뛰어나다. 둘째, 반복 훈련을 통한 공간 감각 내재화로서, 사격은 일종의 공간 기억 능력이 중요한 종목인바, 그는 특정 거리, 조준 방식, 표적의 움직임 등에 대한 반복된 연습을 통해 감각적으로 몸에 익혔다. 이는 특정 공간에서 자동으로 최적의 사격 자세를 취할 수 있는 능력으로 이어진다. 셋째, 신체의 미세 조정으로 공간 정복으로서, 그의 사격 기술은 손의 미세한 떨림까지 제어하는 정밀성을 기반으로 한다. 즉, 자기 신체가 차지하는 공간을 세밀하게 통제하며 조준선과 표적을 정확히 일치시키는 능력이 탁월하다. 넷째, 경기 중 변화하는 환경 적응력으로서, 실내와 실외 경기에서는 조명, 바람 등의 변수로 인해 공간적 환경이 달라진다. 그는 이러한 환경 변화에 빠르게 적응하며, 자신의 사격 공간을 최적화하는 능력을 갖추었다.

이를 종합하면, 결론적으로 진종오 선수는 사격이라는 정적인 스포츠 속에서도 공간을 창출하고 지배하는 능력이 뛰어난 선수이다. 그는 단순한 조준을 넘어, 견고한 자세 유지와 미세한 균형감각 조절 능력, 표적과 자신의 공간을 통합적으로 이해하고, 정밀하게 통제하는 능력을 발휘한다. 이는 공간을 활용하는 스포츠 스타의 대표적인 사례로, 그의 기술과 경기 운영 방식은 다른 스포츠에서도 배울 점이 많다.

19

장대높이뛰기

19 장대높이뛰기

개별선수
옐레나 이신바예바. 이진택

1 | 경기규칙

장대높이뛰기는 육상 도약 경기 종목 중 하나이다. 이 종목의 선수들은 신축성이 강하고 긴 장대를 쥐고 도움닫기를 해 가로대를 넘는다.

2 | 경기장 재원

조주로의 길이는 최소한 40m로 한다. 사정이 허락하면 조주로 길이를 45m로 한다. 너비는 최소 1.22m, 최대 1.25m가 되어야 한다. 조주로는 너비 5cm의 백선으로 칠해야 한다. 조주로의 허용 경사 한도는 너비에서 100분의 1, 도움닫기 방향으로 1,000분의 1 이하여야 한다.

선수는 도움닫기와 발 구름을 돕기 위해 (조직위원회가 제공하거나 승인한) 1개나 2개의 표시물을 사용할 수 있다. 만약 그런 표시물이 제공되지 않는다면, 선수는 접착테이프를 사용할 수 있으나, 표시가 지워지지 않는 물질이나 분필 또는 이와 유사한 물질은 금지된다.

3 | 장대높이뛰기에서 공간 의미 및 공간 창출 능력

장대높이뛰기 선수로서 성공을 거두기 위해서는 보다 강한 장대를 사용하여 잡는 위치를 높이 유지하도록 해야 한다. 이를 위해서는 키가 크고 근력(각력이나 완력)이 좋으며, 강한 파워의 질주 속도가 뛰어나야 한다.

지금까지의 우수 볼터의 체격이나 100n달리기를 조사해 보면 신장이 180㎝ 이상, 100m 달리기가 10초5 전후의 능력을 갖추고 있음을 알 수 있다. 예를 들면 현재의 세계기록 보유자인 6m 볼터, 붑카는 신장 183㎝, 체중 80㎏으로 100m를 10초 2에 달린다. 또 일본 기록 보유자 (5m55)의 하시오까는 신장 182㎝, 체중 73㎏으로 100m를 10초7에 달리고 있다.

그 외에도 장대높이뛰기에서는 장대나 자기 신체를 잘 조작할 수 있는 능력이 요구되는데, 이를 위해서는 조정력(코디네이션), 기교성이 뛰어나야 하고 과감히 도전하는 대담한 정신력도 필요하다. 장대높이뛰기의 자질을 높이기 위해서는 도약 연습뿐만 아니라 질주 연습, 체조 트레이닝, 근력·파워 트레이닝이나 기초적 체력 트레이닝 등 폭넓은 트레이닝을 해야 한다.

결론적으로 장대높이뛰기는 선수가 자기 신체와 장대를 활용하여 공중 공간을 최대한 확보하고, 중력을 극복하여 바를 넘는 경기이다. 일반적인 높이뛰기와 달리, 장대라는 도구를 이용하여 더 높은 공간을 점유하는 전략이 핵심이며, 이는 수직 공간과 수평 공간을 동시에 지배해야 하는 스포츠이다.

4 | 개별 선수

1 옐레나 이신바예바(Elena Isinbaeva)

옐레나 이신바예바 선수는 여자 장대높이뛰기의 살아있는 전설로, 세계신기록을 28번(실외 17회, 실내 11회) 경신하며, 장대높이뛰기의 공간 활용 기술을 완벽하게 체화한 선수이다.

장대높이뛰기에서 공간 지배력의 핵심 요소로는, 첫째, 도움닫기와 공간 활용으로서, 장대높이뛰기에서는 수평 속도를 최대한 확보한 후, 이를 수직으로 전환하는 과정이 중요하다. 둘째, 장대의 휘어짐과 공간 변환으로, 장대높이뛰기는 단순히 점프하는 것이 아니라, 장대의 휘어짐을 통해 에너지를 축적하고, 이를 공중으로 변환하는 과정이 중요하다. 셋째, 도약과 공간 점유로서, 도약 과정에서 장대를 얼마나 효율적으로 사용하느냐에 따라 공간 지배력이 결정된다. 넷째, 공중 동작과 공간 활용으로, 장대높이뛰기에서 공중 자세를 어떻게 조절하느냐에 따라 기록이 결정된다. 다섯째, 착지와 공간 조절로서, 착지는 경기 승패에 직접적인 영향을 미치지는 않지만, 공중에서의 마지막 동작까지 완성하는 과정이다.

그녀의 공간 지배력을 분석하면, 첫째, 강력한 도움닫기와 공간 활용으로, 빠른 속도로 도움닫기를 진행하여, 수평 에너지를 극대화하고 이를 수직 에너지로 변환하며, 이 과정에서 장대의 탄성을 최대로 활용할 수 있는 최적의 공간을 확보한다. 둘째, 장대의 휘어짐을 최대한 활용하여 공간 점유로서, 장대를 가장 깊숙이 꽂고, 가장 크게 휘어지게 만들어 공간을 극대화하는 기술이 뛰어나며, 이를 통해 다른 선수들보다 더 높은 공간으로 몸을 던질 수 있었다. 셋째, 공중에서의 유연한 몸 조절과 공간 확보로서, 바를 넘을 때 몸을 완전히 뒤집어, 공중 공간을 최대한 활용하고, 바와의 접촉을 최소화하면서, 다리와 상체의 움직임을 정밀하게 조절하여 이상적인 공간을 차지했다. 넷째, 공중에서의 마지막 동작까지 공간을 활용하는 능력으로, 바를 넘은 후 자신의 위치를 끝까지 조절하여, 착지 시에도 균형을 유지하고, 이는 공중에서 마지막까지 공간을 지배하는 능력을 의미한다.

이들을 종합한 결론으로, 이신바예바 선수는 단순한 힘과 기술을 넘어, 공간을 지배하는 감각이 뛰어난 선수였다. 그녀는 장대의 탄성을 최대한 활용하여, 기존의 한계를 뛰어넘는 높이를 기록할 수 있었으며, 공중에서 자기 몸을 자유자재로 조절하여 최소한의 공간으로 바를 넘는 기술이 정교했다. 그녀의 경기 운영 방식은 단순한 기록 경신이 아니라, 공간을 어떻게 활용하고 지배해야 하는지를 보여주는 최고의 사례이며, 이는 그녀가 세계 최고의 장대높이뛰기 선수로 군

림할 수 있었던 이유 중 하나이다. 그녀는 높이뛰기의 패러다임을 바꾼 선수이며, 공간 활용의 최적화가 스포츠에서 얼마나 중요한지를 증명한 인물이다.

● 높이뛰기에서 공간 의미 및 공간 창출 능력

높이뛰기는 선수가 자기 신체를 활용하여 중력과 공간을 극복하는 스포츠이다. 즉, 한정된 공간인 도약 구역에서 최대한의 높이를 확보하고, 바를 넘는 동안 공중에서 자기 몸을 최적화하는 과정이 핵심이다. 이진택 선수(전 한국 국가대표)는 최고 기록 2m34cm(한국 기록 보유자)로, 공간을 이해하고 지배하는 능력이 탁월했던 선수이다.

높이뛰기에서 공간 지배력의 핵심 요소를 살펴보면, 첫째, 도움닫기와 공간 활용으로서, 높이뛰기는 도움닫기 구간에서의 속도와 각도를 최적화하는 것이 중요하다. 최적의 곡선을 그리며 접근해야 몸을 공중으로 효율적으로 이동시킬 수 있다. 둘째, 도약과 공간 점유로서, 도약 시 중요한 요소는 지면을 차는 각도, 속도, 힘의 방향이다. 셋째, 공중 동작과 공간 활용으로, 높이뛰기는 공중에서의 자세를 어떻게 조절하느냐가 관건이다. 넷째, 착지와 공간 조절 능력으로서, 착지는 경기의 승패에는 직접적인 영향을 미치지 않지만, 공중에서의 마지막 몸 조절 능력을 의미한다.

2 이진택 높이뛰기 선수

이진택 선수의 공간 지배력을 분석한다면, 첫째, 도움닫기에서 최적의 곡선 활용으로 높이뛰기에서 완벽한 곡선 접근이 도약 각도를 결정한다. 그는 부드러운 곡선 형태의 도움닫기를 통해 도약 시 최대한의 힘을 수직으로 변환하는 능력이 뛰어났고, 완벽한 도움닫기 곡선을 구현하여, 공중에서 최적의 자세를 만들 수 있는 기반을 형성했다. 둘째, 강한 도약력과 공간 장악으로서, 높이뛰기는 단순한 점프력이 아니라, 도약 시 힘을 얼마나 수직 방향으로 효율적으로 전달하는지가 중요한데, 그는 지면을 강하게 밀어내면서도 몸을 공중에서 자연스럽게 회전시키는 능력이 탁월했다. 셋째, 공중에서의 몸 조절과 바와의 거리 확보로서, 바를 넘을 때 최대한 몸을 낮추면서도, 중심을 유지하는 것이 중요한바, 그는 머리부터 바를 넘고, 허리와 다리를 순차적으로 넘기는 과정에서 공간을 최적화하는 능력이 뛰어났고, 특히 공중에서 몸을 자연스럽게 휘어 바와의 접촉을 최소화하는 기술이 정교했다. 넷째, 공간 활용의 완성으로 바를 넘은 후의 착지 조절로서, 바를 넘은 후에도 공간을 끝까지 활용하는 것이 중요한바, 그는 착지 시 몸의 균형을 유지하며 불필요한 움직임을 줄여, 바에 대한 영향을 최소화했다.

이들을 종합한 결론으로는, 이진택 선수는 단순한 점프력이 아닌, 도움닫기부터 도약, 공중 자세 조절, 착지까지 모든 과정에서 공간을 정밀하게 활용하는 능력이 뛰어난 선수였다. 그의 높이뛰기는 공간을 선점하고, 점유하고, 활용하는 완벽한 흐름을 만들어내는 과정이었다. 특히 공중에서 자기 신체를 자유자재로 조절하여, 최소한의 공간으로 최대한의 높이를 확보하는 기술이 탁월했다. 그는 한국 높이뛰기의 전설로 남을 만큼, 공간을 지배하는 능력을 통해 세계적인 선수들과 경쟁할 수 있었던 대표적인 사례이다.

20

마라톤

1. 경기규칙
2. 경기장 재원
3. 마라톤에서 공간 의미 및 공간 창출 능력
4. 개별 선수

20 마라톤

개별선수
이봉주

1 | 경기규칙

마라톤은 육상 경기의 한 종목으로, 42.195km의 거리를 달리는 도로 경주이다. 마라톤 경기는 일반적으로 포장된 도로, 즉 아스팔트 도로에서 마라톤을 한다. 하프마라톤인 21.0975km, 10km, 5km 등의 단축 마라톤, 풀코스보다 더 긴 60km, 100km, 200km 등의 울트라 마라톤도 있다. 최근에는 남북 또는 동서로 횡단하는 300km 이상의 서바이벌 마라톤 대회가 열리기도 한다. 또한 역전 경기가 있는데 도로에서 하는 장거리 릴레이의 하나로 장거리 선수들이 각자의 담당 구역을 달린 다음 중계하는 지점에서 다음 선수에게 이어 주어, 일정한 거리를 정해진 몇 선수에 의하여 달리는 경주도 존재한다. 시간 측정으로 순위를 매기게 된다.

2 | 경기장 재원

경기장이 따로 준비되어있지 않으며, 42.195km를 달리는 경기이다. 주로 포장된 도로에서 진행되고, 5km마다 표시되어 있다.

3 | 마라톤에서 공간 의미 및 공간 창출 능력

일반인의 안정 시 심박수는 60회 이상인 반면, 마라톤선수의 안정 시 심박수는 현저하게 감소하여 40~45회 정도에 불과하다고 하는데 바르셀로나올림픽 마라톤 우승자인 황영조 씨는 선수 시절 38회까지 기록한 바 있다고 하니, 정말 마라톤에 적합한 심장임을 알 수 있다.

심장 무게도 차이를 보이는데 중·장거리 혹은 마라톤선수의 심장 무게는 350~400g에 이르지만, 일반인은 약 300g 정도라고 한다. 충분한 산소공급의 혈액 박출을 위해서는 좌심실의 근육이 발달하여 두꺼운 심장벽을 가져야 하는데 장거리 혹은 마라톤선수의 심실은 심실 벽도 발달하지만, 심실 내의 용적 자체가 더욱 현저하게 증가하는 특징을 가진다. 예를 들어 보스턴 마라톤에서 7번이나 우승한 미국의 클라렌스 드마르 선수는 좌심실 벽과 함께 용적 크기가 일반인의 2배에 가까운 것으로 나타났다.

마라톤은 단순히 오래 달리는 것이 아니라, 공간을 어떻게 활용하느냐에 따라 경기 전략이 결정되는 스포츠이다. 공간 활용의 의미는 다음과 같이 정리할 수 있다. 첫째, 최적의 경기 경로 선택으로, 마라톤 코스는 도로의 기울기, 커브, 오르막·내리막 구간 등 다양한 요소가 포함되어 있다. 선수들은 코너를 돌 때 가장 짧은 거리를 이용하거나, 반대로 부드러운 곡선을 따라 속도를 유지할지를 결정해야 한다. 공간을 효율적으로 활용하는 선수는 불필요한 에너지 소모 없이 최적의 루트를 유지할 수 있다. 둘째, 집단 속 위치 선정으로, 마라톤에서 무리 속에서 달리는 위치가 매우 중요하다. 앞에서 달리는 선수들이 바람 저항을 막아주면 뒤쪽 선수들은 에너지를 절약할 수 있다. 하지만 너무 뒤에 있으면 선두 그룹이 치고 나갈 때 따라가기 어려울 수 있기 때문에 적절한 공간 활용이 필수적이다. 셋째, 오르막과 내리막 공간 활용으로 오르막에서는 짧고 빠른 보폭으로 페이스를 유지하고, 내리막에서는 긴 보폭을 이용해 속도를 높이는 것이 효율적이다. 도로의 한쪽이 더 경사가 완만할 경우, 그쪽으로 이동해 힘을 덜 쓰는 전략도 필요하다. 넷째, 급수대와 보급 구간 활용으로, 마라톤에서는 정해진 구간에서만 급수를 받을 수 있기 때문에 급수대를 빠르고 효율적으로 활용하는 능력이 중요하다. 다른 선수들과 충돌하지 않으면서도, 최대한 자연스럽게 속도를 유지하며 물을 마시는 것이 공간 활용의 핵심이다. 다섯째, 결승선까지의 공간 활용인 스퍼트 전략으로 마라톤은 장거리 경기이지만, 마지막 순간에는 단거리 경주처럼 전력 질주하는 스퍼트 싸움이 벌어지는 경우가 많다. 스퍼트를 시작하는 위치로 언제 가속할 것인지를 전략적으로 선택해야 하며, 주변 선수들의 움직임과 공간을 고려해 적절한 경로를 찾아야 한다.

4 | 개별 선수

1 이봉주 선수

이봉주 선수는 한국 마라톤의 전설적인 인물로, 1996년 애틀랜타 올림픽 은메달, 2001년 보스턴 마라톤 우승 등 뛰어난 성과를 거두었다. 그의 공간 활용 능력을 분석하면 다음과 같다. 첫째, 효율적인 주행 루트 선택으로, 그는 코너에서 가장 짧은 거리를 이용하는 공간 활용 능력이 뛰어났다. 또한 오르막과 내리막에서 에너지 소모를 최소화하는 전략적 움직임을 보였다. 둘째, 선두 그룹 내에서의 위치 조절로서 마라톤에서 선두 그룹이 언제 속도를 올릴지 예측하는 것이 중요한데, 이봉주는 팩의 중간에서 레이스를 운영하다가, 후반부에

페이스를 올리는 전략을 자주 사용했다. 이러한 공간 활용 덕분에 후반부에서 강한 모습을 보이며 순위를 끌어올릴 수 있었다. 셋째, 오르막과 내리막에서의 공간 최적화로서, 그는 내리막에서 긴 보폭을 유지하며 속도를 자연스럽게 증가시키는 전략을 사용했다. 반대로 오르막에서는 리듬을 유지하면서 보폭을 짧게 가져가 체력 소모를 줄였다. 넷째, 급수대 활용 능력으로, 마라톤에서는 급수대에서 속도를 잃지 않고 물을 마시는 것이 중요한데, 그는 자연스럽게 급수를 받으면서도 일정한 페이스를 유지하는 능력이 뛰어났다. 마지막으로 후반 스퍼트와 공간 활용으로, 2001년 보스턴 마라톤에서 그는 마지막 5km 구간에서 선두를 따라잡고 스퍼트를 시작해 우승했다. 이는 경쟁자들의 위치를 분석하고, 언제 공간을 열고 치고 나가야 하는지를 정확히 판단한 전략적인 움직임이었다.

결론적으로 이봉주 선수의 가장 큰 강점은 공간을 전략적으로 활용하며 체력 소모를 최소화하고, 결정적인 순간에 최적의 움직임을 만들어내는 능력이었다. 그의 경기 운영 방식은 마라톤에서 공간을 효과적으로 활용하는 것이 기록과 성과에 얼마나 중요한지를 보여주는 대표적인 사례라고 할 수 있다.

21

motoGP (모터사이클 그랑프리)

1. 경기규칙
2. 모터 사이클에서 공간 의미 및 공간 창출 능력
3. 개별 선수

21 motoGP (모터사이클 그랑프리)

개별선수
발렌티노로시

1 | 경기규칙

이륜차 경주의 최고 클래스. 모터 스포츠를 통틀어서도 정점에 위치한 프리미엄 레이스 중 하나이며, 포뮬러 레이스의 톱인 F1과 비슷한 위상을 가지고 있다. 기본적으로 돈을 아낌없이 투자해서 오직 속도만을 위해 만들어진 바이크를 세계 최고의 라이더들이 시속 300km를 넘나들며 질주하는 바이크 레이싱의 꽃이라 할 수 있다.

시즌 동안 16개국 이상을 순회하며 총 19개의 서킷에서 레이스를 펼친다. 그리고 각 경기마다 순위대로 승점을 부여해 한 시즌 경기가 모두 끝나면 점수를 합산, 가장 많은 점수를 획득한 선수가 월드 챔피언 타이틀을 가져간다.

2 | 모터사이클에서 공간 의미 및 공간 창출 능력

모터사이클 경주는 단순한 속도 경쟁이 아니라 공간을 지배하는 스포츠다. 라이더들은 트랙 위에서 최적의 공간을 점유하고, 코너링과 가속을 통해 경쟁자보다 유리한 위치를 선점해야 한다. 모터사이클 경주의 공간 활용 요소로서, 첫째, 레이싱 라인으로 최적의 공간 선택으로 모터사이클 레이서들은 트랙 위에서 가장 빠른 이상적인 경로를 선택해야 한다. 레이싱 라인은 코너 진입, 코너링, 탈출을 최적화하여 공간을 가장 효율적으로 활용하는 전략적 요소이다. 이상적인 라인을 확보하면, 속도를 줄이지 않고 경쟁자보다 빠르게 나갈 수 있다. 둘째, 코너링으로, 공간 속에서 균형 유지로, 모터사이클 경주에서 가장 중요한 기술은 코너링인데, 코너에서는 최소한의 공간을 사용하면서도 최대한 빠르게 빠져나와야 하며, 이 과정에서 공간을 최적화해야 하고, 특히 MotoGP 같은 경기에서는 머신의 기울기를 극한까지 활용하여 최소한의 공간에서 최단 거리로 회전하는 능력이 중요하다. 셋째, 추월로 공간을 점유하는 심리전인바, 추월은 단순히 속도가 빠르다고 되는 것이 아니라, 상대보다 먼저 최적의 공간을 차지해야 가능하다. 라이더들은 코너 진입 전에 상대의 라인을 방해하거나, 코너 탈출 시 더 빠른 라인을 확보하는 방식으로 추월한다. 이 과정에서 공간을 어떻게 차지하느냐에 따라 승부가 결정된다. 넷째, 방어 라인인, 공간을 좁히는 기술로, 선두를 유지하기 위해서는 뒤따르는 라이더가 추월할 수 있는 공간을 막아야 한다. 즉, 최적의 라인을 차지하여 상대가 들어올 공간을 제한하는 것이 중요한 전략이며, 일부 라이더들은 방어적인 레이싱을 통해 상대가 유리한 공간을 차지하지 못하게 하는 전술을 활용한다.

3 | 개별 선수

① 발렌티노로시(Valentino ROSSI/ITA) 선수

지난 2009년 10월 25일 말레이시아의 세팡 서킷에서 열린 2009 MotoGP에서 엔트리 넘버 46번 발렌티노로시(Valentino ROSSI/ITA)가 그의 통산 9번째 GP 챔피언 타이틀 (MotoGP 7회, 125 1회, 250 1회)을 확정지었다.

그는 모터사이클 레이싱 역사상 가장 뛰어난 공간 활용 능력을 갖춘 라이더 중 한 명이다. 그의 공간 지각 능력과 활용 방식은 다음과 같이 분석할 수 있다.

코너링에서의 공간 활용으로, 첫째, 라인 선택의 유연성으로, 그는 코너 진입 시 다양한 라인을 선택하여 경쟁자들을 압박한다. 이는 그의 뛰어난 공간 지각 능력과 바이크 컨트롤에서 비롯된다. 일부 분석에서는 그가 어떤 라인에서도 효과적으로 주행할 수 있는 능력을 지녔다고 평가한다. 둘째, 몸의 움직임을 통한 코너링 개선으로, 최고의 라이더들과 경쟁하기 위해, 그는 상체를 바이크 바깥쪽으로 더 많이 이동시키는 자세 변화를 통해 코너링 성능을 향상시켰다. 이를 통해 회전력을 높이고, 코너에서의 공간 활용을 극대화했다.

레이싱 중 공간 지배력으로, 첫째, 경쟁자와의 거리 조절로서, 그는 레이스 중 경쟁자와의 거리를 정밀하게 조절하며, 이를 통해 추월 기회를 만들거나 방어적인 주행을 펼친다. 이러한 능력은 그의 뛰어난 공간 지각과 전략적 사고에서 비롯된다. 둘째, 다양한 머신에 대한 적응력으로, 2-스트로크와 4-스트로크 머신 등 다양한 종류의 바이크를 성공적으로 다룬 그의 경력은 그의 공간 활용 능력과 적응력을 보여준다. 각기 다른 머신의 특성에 맞게 주행 스타일을 조정하며, 최적의 성능을 이끌어냈다.

공간 활용의 진화 관점으로, 모터사이클 기술과 레이싱 스타일의 변화에 따라, 그는 자신의 주행 방식을 지속적으로 발전시켰다. 상체를 더 많이 움직여 코너링을 개선하는 등, 최신 트렌드에 맞춰 공간 활용 능력을 향상시켰다.

발렌티노 로시는 "트랙 위의 마에스트로"로 통하며, motoGP 역사상 가장 위대한 라이더 중 한 명이며, 공간 활용 능력이 뛰어나며, 특히 레이싱 라인을 독창적으로 해석하는 능력이 탁월하다. 코너 진입 시 상대보다 넓은 공간을 활용하여 빠른 탈출을 만드는 전략을 자주 사용한다. 추월할 때 상대의 심리를 이용하여 공간을 확보하는 능력이 최고 수준이며, 9번의 월드 챔피언 타이틀을 차지했으며, 독창적인 라인 선택과 레이스 운영 능력에서 역사상 최고 중 하나로 평가받는다.

22

골프

1. 경기규칙
2. 경기장 재원
3. 골프에서 공간 의미 및 공간 창출 능력
4. 개별 선수

22 골프

개별선수

타이거 우즈, 김주형, 신지애, 고진영

땅 위에 정지해 있는 볼을 치는 데에는 어떠한 방법을 써도 좋으나, 거리와 방향을 올바르게 정하기 위해서는 클럽을 일정한 궤도에 따라 스윙하는 것이 가장 효과적이므로, 스윙의 기본적인 원칙은 거의 정석화(定石化)되어 있다. 다만, 플레이어의 체격이나 역량은 천차만별이므로 차이에 따라 지엽적인 조정이 가미될 뿐이다.

따라서 일류 프로선수들이 얼른 보기에는 서로 다른 스윙을 하는 있는 것처럼 보여도 중요한 사항인, 특히 임팩트(타격점)에서는 모두가 공통된다. 요컨대 골프 스윙은 팔과 클럽에 의한 원운동으로서, 그 궤도에 있는 볼이 클럽헤드에 의해 샷되는 수동작용에 지나지 않는다.

원심력을 극대화시키기 위해서는 회전운동을 하는 몸통의 꼬기와 풀기를 효율적으로 해야 한다. 어느 경우나 스윙은 적기에 조절되어야 한다. 골프 경기를 하기 위해서는 스윙 동작뿐만 아니라 어프로치·퍼팅·벙커샷 등의 동작도 습득해야 한다. 볼과 홀컵과의 거리 및 볼의 위치와 상태를 정확히 판단해서 어프로치에 성공하면 숏게임을 잘 할 수 있어 파를 잡을 확률이 높아진다.

1 | 경기규칙

코스 위에 정지하여 있는 볼을 채(클럽)로 쳐서 정해진 구멍(홀, hole)에 넣어 그때까지 소요된 타수로 우열을 겨루는 경기. 즉 가장 공을 적게 친 쪽이 이기는 게임이다(선수는 골프공을 자신이 원하는 지점에 있도록 방향과 거리를 실현하는 능력이 높을수록 공을 적게 타격한 경우이다). 이는 많이 칠수록 그만큼 실수가 잦다는 것을 뜻하기 때문이다. 즉, 방향과 거리를 예측한 공간 확보를 잘하지 못한 경우로 해석된다.

2 | 경기장 재원

골프장은 티 그라운드, 페어웨이, 러프, 그린, 해저드, OB로 구성되어 있으며 굉장히 넓다. 티샷 지점에서 그린 끝까지 18홀을 더한 길이를 그 골프장의 크기로 가름한다. 골프공의 지름은 약 42.7mm이다.

3 | 골프에서 공간 의미 및 공간 창출 능력

골프 스윙을 최적으로 구현하기 위해서는 유연성과 근력 등 체력 요인이 요구된다. 또한 하체의 힘이 상당히 중요하다고 한다. 필드와 그린을 잘 읽는 능력이 요구되며 자신의 전략을 세우고 그 지점을 확보하는 능력 곧 공간 창출 및 활용 능력이 좋아지도록 하는 데 있다. 최적의 경로로서 최적의 공간 구현은 바람의 세기, 공이 위치한 공간

(페어웨이, 그린, 러프, 모래 등) 성질의 이해, 골프 채(드라이브, 우드, 유틸리티, 아이언, 퍼터 등)의 이해 및 활용 방법 등으로 요구되는 방향과 거리를 실행하는 능력이 필수적이며 이로 인해 최적 공간을 창안해 내는 능력을 갖춘 이가 최고 수준을 이루게 된다.

경기에 활용되는 장비와 그 활용도를 소개하면 다음과 같다. 상황에 따른 공을 이동하기 위한 거리에 공간창출을 위해 필요한 장비와 그 특성이다.

① 드라이버

골퍼로는 힘있는 샷을 구사하면서도 정확도가 높아야 한다. **평균 드라이버 샷이 길고 페어웨이**(방향의 적절성) **그것도 다음 공을 치기 좋은 위치에 놓을 수 있는 능력이 요구된다.**

드라이버 샷의 생명은 방향이라고 말한다. 티샷을 페어웨이에 떨어뜨리면 다음 샷을 하기 쉬워진다.

② 아이언

골퍼의 경우 파온 비율(그린 적중률 : 정규 타수 내에 볼을 그린에 올리는 것)을 높이는 것이 언더파 스코어를 낼 수 있는 비결이다. 아이언 샷은 믿음에서 비롯된다. 그린 앞에 장애물이 존재하고 있더라도 피하지 않고 과감하게 핀을 공략한다. 자신이 친 샷에 대한 믿음이 뒷받침돼야 가능한 샷이다.

③ 퍼트

거리가 짧을수록 정확한 퍼트를 해야 한다는 것은 당연한 얘기다. 그러나 거리가 짧아질수록 점점 자신감은 떨어진다. 성공하지 못하면 엄청난 손해를 감수해야 하기 때문이다. "많은 연습을 통한 자신감에서 비롯된 퍼트"라며 자신감이 없으면 불가능하다고 말한다.

4 | 개별 선수

① 타이거 우즈 선수

타이거 우즈 선수는 골프 역사에서 가장 뛰어난 선수 중 하나로, 그의 공간 활용 능력은 골프 경기에서 매우 중요한 요소로 평가된다. 골프에서 "공간"은 단순히 물리적인 거리나 위치를 넘어서, 목표를 설정하고, 다양한 상황에서 자신에게 유리한 위치를 창출하고, 적절한 선택을 하는 능력과 관련이 있다. 그의 공간 능력은 다음과 같은 측면에서 분석할 수 있다.

첫째, 공간 활용 능력인 코스 관리 능력으로, 그는 코스를 매우 전략적으로 활용하는 선수로, 상황에 맞게 항상 최적의 선택을 하는데,

예로서 어떤 홀에서 공격적으로 플레이할지, 보수적으로 접근할지에 관한 판단을 능숙하게 한다. 이는 특정 홀이나 상황에서 자신에게 유리한 공간을 창출하는 능력과 밀접하게 연관된다. 그는 코스의 벙커, 물웅덩이, 나무 등 장애물을 피하고, 가능한 공간을 최대한 활용하여 다음 샷을 위해 유리한 위치를 잡는다. 그는 특히 티-샷에서 중요한 결정을 내리는 능력이 뛰어났다. 그는 위험 요소를 피하면서도 공격적인 플레이를 할 수 있는 적절한 지점을 찾는 데 능숙했다.

둘째, 위치 선정 및 스윙의 정확성을 들 수 있다. 그의 스윙은 정확성이 뛰어나며, 이는 그가 공간을 어떻게 활용하는지에 대한 중요한 요소이다. 그의 스윙은 코스의 다양한 지형에 따라 정밀하게 조정되며, 때로는 평범한 골퍼들이 놓칠 수 있는 미세한 차이를 만들어낸다. 예를 들어, 페어웨이나 그린 주변에서 그의 공은 항상 이상적인 위치에 떨어지도록 조절된다. 이는 그가 스윙을 통해 물리적인 공간을 최적화하는 능력을 갖추고 있음을 의미한다. 그가 각 클럽을 선택할 때도 공을 어느 지점에 정확히 놓을지를 고려하여, 그다음 샷을 위한 공간을 창출하려 한다.

셋째, 위험 관리 및 공간 창출로서는, 그는 고난도의 상황에서도 침착하게 경기를 이끌 수 있는 능력이 있다. 예를 들어, 벙커에서 나올 때나 물웅덩이 근처에서 공이 떨어졌을 때, 그는 최악의 상황을 피하고 안전한 선택을 하며 다음 샷을 준비하며, 이는 공간을 창출하는 또 다른 방식으로, 항상 위험을 최소화하는 방향으로 공간을 재구성하여 유리한 위치로 공을 이끌어간다. 그의 위기 대처 능력은 다른 선수들에 비해 뛰어난 부분으로, 상황에 따라 공간을 보다 효과적으로 재배치하고, 다음 샷을 위한 공간을 확실하게 확보하는 데 중점을 둔다.

넷째, 그린 주변에서의 창의적인 공간 활용 측면으로, 그린 주변에서 그는 공간 창출에 매우 능숙한 선수로, 벙커에서, 러프에서, 혹은 다양한 장애물이 있는 그린 주변에서 항상 최적의 샷을 구상한다. 이때 그는 그린의 경사나 공의 라이, 그리고 주변 환경을 종합적으로 고려하여 샷을 계획한다. 그의 퍼팅 능력 또한 뛰어나며, 퍼팅할 때도 그의 공간 감각은 중요한 역할을 하는데, 그린에서의 미세한 차이를 잘 읽어내고, 퍼팅 라인에서의 공간 활용을 정확히 맞추는 능력이 뛰어나기 때문에, 우즈는 많은 중요한 순간에 퍼팅에서 이점을 가져갈 수 있었다.

다섯째, 공간 상상력은 그가 단순히 골프를 치는 것이 아니라, 게임을 시각화하고 창의적으로 공간을 재구성하는 능력에 있다. 그는 코스를 물리적으로뿐만 아니라 심리적으로도 이해하며, 각 상황에서 가능한 모든 경로를 상상한다. 그의 상상력은 그를 단순한 골프 선수로서가 아니라, 골프 코스를 하나의 '작품'처럼 다루는 예술가와 같은 존재로 만든다. 이러한 공간 상상력 덕분에 그는 어려운 상황에서도 자신에게 유리한 선택을 할 수 있었고, 수많은 승리를 거두었다.

이들을 종합적으로 정리하면, 타이거 우즈의 공간 능력은 단순히 공간을 '사용'하는 것에서 그치지 않고, 적극적으로 자신의 경기 방식과 전략에 맞게 공간을 '창출'하는 능력으로 발전했다. 코스의 장애물을 피하고, 스윙의 정확성으로 공을 원하는 위치에 놓으며, 위기 상황에서도 안전하게 공간을 확보하는 그의 능력은 많은 골퍼에게 중요한 교훈을 제공한다. 그는 골프 경기에서 공간 활용 능력을 통해 승리의 확률을 극대화한 선수로, 그의 전략적 사고와 공간 창출 능력은 그의 경기를 독특하고 뛰어난 것으로 만든 핵심 요소 중 하나이다. 즉, 그의 공간 상상력은 단순한 기술적 요소가 아니라, 골프에 대한 깊은 이해, 뛰어난 신체 감각, 창의적인 사고, 그리고 집중력이 결합한 결과물이다. 그는 공이 날아갈 궤적과 그 이후의 움직임까지 머릿속에서 완벽하게 설계한 후 샷을 실행한다. 이러한 공간 상상력 덕분에 그는 어려운 상황에서도 기적적인 샷을 만들어내며, 경기의 흐름을 바꾸는 능력을 발휘할 수 있었다. 결국, 그의 공간 활용 능력과 상상력은 골프 역사상 가장 위대한 플레이어로 평가받는 이유 중 하나이다.

2 김주형 선수

김주형은 우리나라 골프 선수이며, 1996년 타이거 우즈 이후 26년 만에 21세 이전에 PGA 투어 2승을 올려 주목받고 있는 대형 유망주이다. 이는 타이거 우즈의 20세 당시 9개월을 6개월이나 앞선 기록이며, 랄프 굴달의 20세 2개월에 이은 세계 두 번째 기록이다. 2022년 PGA 투어 윈덤 챔피언십 우승 당시 첫날 1번 홀에서 쿼더러플 보기(+4)를 하고도 4타차 우승을 차지하여 뭇사람들을 놀라게 하였다. 2022년 PGA 투어 슈라이너스 칠드런스 오픈 우승에 이어 2023년 10월 16일 PGA 투어 슈라이너스 칠드런스 오픈 2년 연속 우승과 시즌 3승을 달성했다.

그는 최근 몇 년간 한국 골프에서 가장 주목받는 선수 중 하나로, 특히 공간 활용 능력에서 뛰어난 능력을 보인다. 그의 골프 스타일은 타이거 우즈처럼 매우 전략적이고 계산적인 접근을 보여주며, 코스를 어떻게 활용할지에 대한 탁월한 인식 능력을 갖추고 있다. 그의 공간 활용 능력은 여러 측면에서 돋보이며, 다음과 같은 특징을 분석할 수 있다.

첫째, 코스 관리와 전략적 사고로서, 그는 코스를 어떻게 관리할지에 대한 전략적 사고가 뛰어난 선수로서, 그는 공격적이고 보수적인 샷을 상황에 맞게 정확히 구분하고, 각 홀에서 어떤 방향으로 플레이할지 명확한 계획을 세운다. 그는 코스의 지형이나 장애물에 대한 이해가 깊고, 이를 기반으로 적절한 전략을 세운다. 그는 종종 공격적인 샷을 선택하지만, 항상 안전한 선택을 할 수 있는 여유를 두고, 필요할 때는 보수적으로 접근하여 상황을 제어한다. 공간 활용 예시로서, 그는 티-샷에서부터 철저히 계산된 선택을 하며, 페어웨이나 그린 주변에서 장애물이 있을 때, 그는 특정 지점에서 공을 피하거나, 그린을 정밀하게 공략할 수 있는 공간을 확보하는 데 능숙하다. 위험을 최소화하며, 코스의 공간을 보다 효율적으로 활용하는 능력을 보여준다.

둘째, 정확한 샷과 다양한 샷 선택으로, 그는 매우 정밀한 샷을 구사하는 선수로, 공이 떨어질 위치와 그린을 어떻게 활용할 것인지에 대한 공간을 잘 계획하며, 그는 그린 주변에서 다양한 샷을 구사할 수 있는 능력을 갖추고 있으며, 공의 궤적을 예측하고, 이를 바탕으로 공간을 활용하여 최적의 결과를 끌어낸다. 공간 활용 예시를 들면, 그린 주변에서 그는 칩 샷이나 어프로치 샷을 할 때, 경사나 그린의 빠르기를 고려하여 공을 놓을 정확한 위치를 상상하고 이를 실현하는 능력이 뛰어나며, 그가 그린 주변에서 여러 가지 옵션을 고려할 때는 공의 라이와 바람 등의 변수를 반영하여 공간을 어떻게 활용할지 항상 상상하며 플레이한다.

셋째, 위험 요소 관리를 들면, 그는 골프에서 위험을 관리하는 능력이 뛰어나며, 이는 그의 공간 활용 능력의 중요한 부분이다. 코스에서 위험 요소인 물웅덩이, 벙커, 나무 등에 대해 분석하고 이를 회피하면서도 공격적으로 플레이하는 방법을 잘 찾는다. 그는 위험한 상황에서 한 걸음 물러서서, 더욱 유리한 위치로 공을 끌어내는 전략을 구사한다. 이러한 공간 활용 예시로는, 물웅덩이나 벙커 근처에서 플레이할 때, 그는 가장 안전한 공간으로 공을 이동시키면서도, 향후 샷을 고려하여 자신에게 유리한 위치를 창출하는 방법을 잘 알고 있다. 그는 상황에 따라 무리하지 않고, 공격적인 선택을 할 때도 그에 맞는 공간을 확보한 뒤 샷을 구사한다.

넷째, 그린 주변에서의 섬세한 공간 활용으로서, 그는 그린 주변에서의 섬세한 플레이가 강점이다. 그는 짧은 거리에서의 플레이가 매우 뛰어나며, 공이 떨어질 위치를 매우 정확하게 상상하면서 샷을 구사하며, 특히, 그린의 경사나 라이를 고려한 퍼팅 능력이 뛰어나며, 이 부분에서 그는 많은 골프 팬들에게 인상적인 플레이를 보여주었다. 이러한 예로는 그는 퍼팅할 때도 그린의 경사와 속도를 정확히 읽어내고, 공이 이동할 경로를 상상하여 정확한 라인을 찾는다. 또한, 그린 주변에서 칩 샷을 할 때, 공이 그린에 정확히 떨어져서 빠르게 안정된 위치로 향할 수 있도록 미세한 조정을 하는데, 이는 그가 그린 주변에서 매우 세밀하게 공간을 활용하고 있다는 증거이다.

다섯째, 상황에 맞는 샷 조정으로서, 그는 골프에서 매우 다양한 샷을 구사할 수 있는 능력을 보유하고 있다. 그는 코스의 상황에 맞춰 공의 궤적, 바람, 거리 등을 고려하여 샷을 선택하며, 그때그때 자신에게 맞는 공간을 활용하는 능력이 뛰어나다. 다양한 샷을 구사하며, 각 샷에 대해 얼마나 공간을 효율적으로 활용할지에 대해 깊은 이해를 하고 있다. 이러한 공간 활용 예로, 그가 드라이버로 긴 거리를 보낼 때는 공의 비행경로를 정확하게 상상하여, 원하는 지점에 떨어지도록 계획하며, 그가 아이언이나 웨지로 짧은 샷을 할 때도 공이 얼마나 높은 궤적을 가져야 하고, 어느 지점에서 바운스를 해야 하는지에 대한 상상을 통해 공간을 최적으로 활용한다.

이러한 점들을 종합해서 결론을 내리자면, 김주형 선수는 골프 코스를 단순히 '공이 떨어져야 할 장소'로 보는 것이 아니라, 어떻게 효율적으로 공간을 활용할 수 있을까?를 항상 고민하는 선수로서, 그는 코스의 각 부분을 세밀하게 분석하고, 자신의 장점을 최대한 살릴 수 있는 공간을 창출하는 능력을 갖추고 있다. 그는 정확한 샷 선택, 위험 관리, 그린 주변의 섬세한 플레이 등 여러 요소에서 뛰어난 공간 활용 능력을 보이며, 이 능력은 그를 매우 전략적이고 강력한 골프 선수로 만들었다. 이러한 능력 덕분에 그는 꾸준히 세계 무대에서 좋은 성적을 거두며 성장하고 있다.

3 신지애 선수

신지애 선수는 한국의 여자 골프 선수이며, 초등학교 때 골프를 시작한 이후 줄곧 최상위의 성적을 거두었으며, 2010년 아시아인 최초로 여자골프 세계랭킹 1위에 올랐다. 2006년 프로로 전향한 이래 현재까지 67승을 거두어, 한국 여자 프로골프 사상 최다승을 기록했다. 작은 키이지만 변함없는 정교한 샷으로 페어웨이를 놓치지 않는다. 한국, 일본, 미국의 메이저 대회를 석권하는 등 많은 기록을 세웠다.

그녀의 공간 감각 및 활용 능력을 분석하기 위해서는 그녀의 경기 스타일, 샷 만들기 능력, 코스 운영, 그리고 전반적인 전략적 사고를 살펴볼 필요가 있다.

공간 감각 능력으로, 그녀는 뛰어난 공간 감각을 지니고 있는 선수로 평가된다. 이는 다음과 같은 요소에서 확인할 수 있다. 정확한 거리 계산으로, 그녀는 아이언 샷과 퍼팅에서 거리 감각이 탁월하다. 특히 퍼팅에서 거리 조절이 뛰어나며, 이는 공간 지각 능력이 뛰어남을 보여준다. 샷의 방향성과 구질 컨트롤로, 그녀는 다양한 탄도를 활용하는 능력이 뛰어나며, 목표 지점을 정밀하게 설정하고 그에 맞는 샷을 구사하는 능력이 강점이다. 바람과 경사 활용으로, 골프에서 공간 감각은 바람과 지형을 고려하는 능력과도 관련이 있다. 그녀는 바람을 계산하고 샷을 조절하는 능력이 우수하며, 경사를 이용한 샷 만들기에도 능숙하다.

공간 활용 능력으로, 효율적인 코스 공략으로, 그녀는 장타형 선수는 아니지만, 정확한 샷과 뛰어난 코스 운영능력를 통해 전략적으로 플레이한다. 이는 페어웨이 안착률과 그린 적중률이 높다는 점에서도 알 수 있다. 위기관리 능력으로, 공간 활용 능력이 뛰어난 선수들은 위기 상황에서도 효과적인 탈출법을 구사한다. 그녀는 러프나 벙커에서도 코스 지형을 활용하여 안전하게 탈출하는 능력이 뛰어나다. 그린 리딩 능력으로, 그녀는 퍼팅에서 특히 강한 모습을 보이는데, 이는 경사를 정확히 읽고 공간을 인식하는 능력이 뛰어나기 때문이다.

결론적으로 신지애의 공간 감각 및 활용 능력은 세계적인 수준이다. 정교한 샷 만들기와 뛰어난 코스 운영능력, 그리고 위기 대응 능력을 바탕으로 효과적인 경기 운영을 펼치는 선수이다. 이러한 능력 덕분에 LPGA와 JLPGA에서 오랜 기간 꾸준한 성적을 내고 있으며, 특히 퍼팅과 아이언 샷에서의 정밀한 거리 조절 능력이 강점으로 작용한다.

4 고진영 선수

고진영 선수의 공간 활용과 창출 능력은 정교한 샷과 뛰어난 전략적 사고를 기반으로 한다. 그녀의 경기 스타일은 신지애와 유사한 면이 있지만, 특정한 강점에서 차별화된다.

공간 활용 측면은 정밀한 샷과 안정적인 플레이인데, 그녀는 세계 최고의 샷 정밀도를 자랑하는 선수 중 한 명으로, 공간을 효과적으로 활용하는 능력이 돋보인다. 첫째, 페어웨이 적중률이 높은데, 티샷의 방향성과 거리 조절이 뛰어나, 다음 샷을 위한 최적의 위치를 확보하는 능력이 탁월하다. 둘째, 정확한 아이언 샷으로 목표한 공간에 공을 놓는 능력이 매우 뛰어나며, 이를 통해 어려운 핀 위치에서도 버디 기회를 만들어낸다. 셋째, 위험 요소 최소화로서 불필요한 위험을 줄이면서도 효율적으로 코스를 공략하는 경기 방식을 가진다.

공간 창출 측면은 뛰어난 컨트롤과 창의적 플레이로서, 첫째, 정확한 거리 감각을 가져 웨지 샷에서 거리 조절 능력이 뛰어나며, 다양한 탄도를 활용하여 그린 위에서 공을 원하는 공간에 세운다. 둘째, 어려운 라이라도 해결하는 능력으로 트러블 샷에서도 유리한 위치로 공을 옮길 수 있는 전략적인 플레이를 한다. 셋째, 퍼팅에서 공간 인지 능력으로, 그녀의 퍼팅은 거리와 경사를 정밀하게 읽는 능력이 기반이 되어있으며, 그린 위에서 자신만의 공간을 창출하는 능력이 뛰어나다.

심리적 공간 활용 측면으로 강한 집중력과 흐름을 제어한다. 그녀는 경기 중 감정 기복이 적고, 흔들리지 않는 정신력을 유지하는 선수이다. 긴장되는 순간에도 자신이 원하는 공간을 만들고, 그에 맞는 샷을 구사할 수 있는 능력이 뛰어나다.

결론적으로 고진영은 공간을 정밀하게 활용하는 능력이 강하며, 샷의 정확도를 바탕으로 최적의 위치에서 경기를 풀어나가는 스타일이다. 특히 웨지 샷과 퍼팅에서 공간 창출 능력이 돋보이며, 이를 통해 세계 정상급 경기력을 유지하고 있다.

23

육상

1. 경기규칙
2. 경기장 재원
3. 육상 경기에서 공간 의미 및 공간 창출 능력
4. 개별 선수

23 육상

개별선수
우사인 볼트

1 | 경기규칙

육상 경기는 인간이 취할 수 있는 가장 기본적인 동작들인 달리기, 뛰기, 던지기 등을 활용해서 만든 스포츠 경기이다. 시간 기록, 높이, 거리 기록을 비교하여 순위를 매긴다.

코스 경기 때 다른 코스로 들어가거나, 다른 주자를 방해했을 때는 실격된다. 배턴을 떨어뜨린 경우에는 배턴을 넘겨주는 주자가 주워서 넘겨주어야 한다. 배턴을 넘겨준 다음 다른 주자를 방해했을 때는 실격 처리된다. 장애물달리기에서 고의로 허들을 넘어뜨리거나, 한쪽 또는 양쪽 발이 허들 밖으로 나가면 실격된다. 주자의 머리·팔·어깨·손·발의 내민 부분이 결승선에 닿아야만 골인으로 인정된다. 이어달리기의 결승에서는 예선 때 뛰었던 선수가 참가하여야 한다.

2 | 경기장 재원

일반 운동장의 트랙에서 각 레인(lane)간의 폭은 대부분 42인치이다. 이 경우 안쪽 레인(lane)은 물론 정확히 400m이다. 4번째 레인은 419m, 마지막 8번째 레인은 445m다. 다른 레인의 길이도 이 거리를 기준으로 추정치를 구할 수 있다.

세계육상연맹(IAAF)의 규정집에 따르면 레인(lane)의 폭은 36~48인치까지 다양하다. 이 폭에 따라 각 레인의 길이도 물론 달라지는데 국제 규격은 48인치로 이 경우 바깥 레인이 가장 길다고 생각하면 된다.

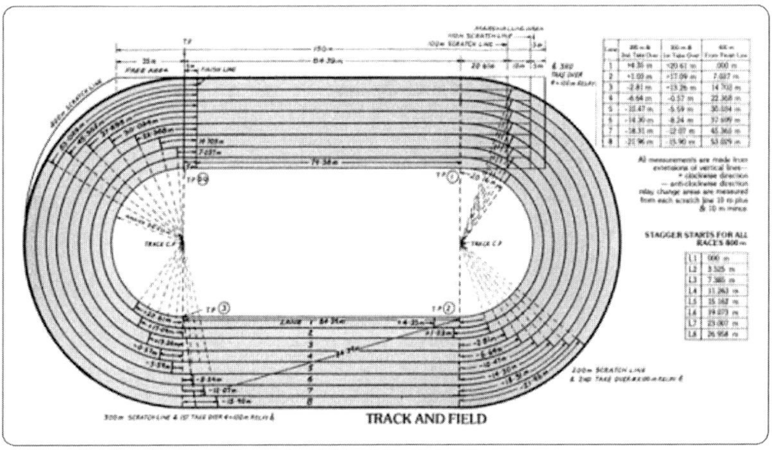

3 | 육상 경기에서 공간 의미 및 공간 창출 능력

단거리, 도약 및 투척선수의 경우에는 순간적인 파워가 주로 강조되는 반면, 중·장거리선수의 경우에는 지구력이 강조되는데 파워와 지구력을 향상시키기 위해 세부 종목별로 특성화된 훈련을 끊임없이 계속하는 과정에서 육상선수의 심장 구조도 차별화된 변화를 나타내게 된다고 한다.

심장은 신체 각 조직에서 요구되는 산소와 영양소를 공급하기 위해 혈액을 계속해서 뿜어내며, 운동 시 효율적인 에너지 대사기능을 수행하기 위해 가장 중요한 역할을 담당한다. 육상선수는 이렇게 계속적인 훈련을 통해 더욱 튼튼한 "스포츠 심장"을 완성하게 되는데 육상선수의 심장은 심장 크기와 기능에서 일반인들과 현저한 차이를 나타낸다.

육상선수의 강한 파워 발휘를 위해 강조되는 것은 특정 근육의 발달과 함께 근육 기능의 평형 능력을 들 수 있는데 평형성은 정적으로 유지되는 것만 생각하기 쉽다. 기능적 평형성으로서 근력과 파워의 균형 능력과 함께 관절구조와 근신경의 효율성을 통합하는 능력이 더욱 중요하다.

평형 능력은 신체적 안정화 및 유연성과 함께 단거리 선수의 폭발적인 파워 발휘의 토대를 이루는 능력으로, 어느 한쪽으로 기울거나 치우치지 않는 균형은 물론 최적화된 상태를 요구하게 된다. 육상선수는 완벽하게 최적화된 상태를 만들어 경기력을 향상시키고 상해를 방지하는데 기술을 발현할 때 동작의 균형이 틀어지게 되면 효율적인 동작과 폭발적인 수행력을 발휘하지 못하며 상해가 쉽게 발생하게 된다.

육상선수가 강한 파워를 발휘하기 위해서는, 하지만 발달하면 된다고 생각하지만 상체 파워도 역시 중요하다. 러닝 시 하지 움직임에 따라 상체의 적절한 보상 동작이 일어나야 균형적이고 강한 파워가 발휘되기 때문인데, 빠른 속도로 출발해 가속할 때 공기 저항을 받아 상체가 들리고, 하지의 피치를 높일 때 상체가 더욱 들리게 된다. 이 때 공기 저항에 의해 상체가 들리는 것을 방지하기 위해서는 강한 복근력이 요구된다.

물론 신체적 좌우대칭도 평형을 이루면서 파워 발휘에 중요한 요인으로 작용한다. 전후 대칭이 깨지면 불필요한 근 발현이 많이 생겨 비효율적 에너지 소비를 하게 되기 때문에, 육상선수의 근육 기능과 신체 전반의 구조적 평형성은 파워 발휘와 상해 방지를 위해 매우 중요한 요소라고 한다.

4 | 개별 선수

1 우사인 볼트 선수

우사인 볼트 선수는 1986년 8월 21일 자메이카에서 태어나, 신체 특성으로 키가 195cm, 몸무게가 93.8kg이며, 수상 경력은 2013년 다이아몬드 리그 13차 대회 남자 100m 우승, 2013년 제14회 모스크바 세계육상선수권대회 남자 400m 릴레이 금메달 등을 차지하였으며, 기록으로 100m 9.58초, 200m 19.19초, 400m 37.04초를 지니고 있다.

단거리 육상 경기(예: 100m, 200m, 400m)는 단순한 속도 경쟁이 아니라, 주어진 공간을 최적화하여 최대한 효율적으로 활용하는 능력이 중요한 종목이다. 첫째, 트랙에서의 공간 최적화로서, 육상 트랙은 출발 블록에서 결승선까지 직선 혹은 곡선으로 연결된 공간이며, 이를 어떻게 활용하느냐에 따라 기록이 달라진다. 100m는 직선 구간에서 최적의 가속과 최대 속도를 유지해야 하며, 200m 이상에서는 코너에서의 공간 활용 능력도 중요하다. 둘째, 최적의 주로 활용으로 레이스 중 주어진 레인 내에서 가장 효율적인 경로를 유지하는 것이 중요하다. 특히 출발, 가속, 최고 속도 구간, 끝내기에서 공간을 어떻게 활용하느냐에 따라 경기 결과가 달라진다.

그는 100m와 200m 세계기록(9.58초, 19.19초)을 보유한 역대 최고의 스프린터이며, 공간 활용 능력이 탁월한 선수였다. 그의 공간 활용 능력을 살펴보자.

첫째, 폭발적인 스타트와 출발 공간 활용으로서, 그는 출발 반응 속도가 상대적으로 느린 선수(약 0.15~0.18초)였으나, 출발 후 첫 30m 구간에서 빠르게 공간을 확보하는 전략을 활용했다. 191cm의 큰 키를 활용한 보폭 확장으로, 짧은 거리 안에서 최대한의 가속을 확보했다. 출발 블록에서 상체를 빠르게 펴지 않고, 낮은 자세를 유지하며 공간을 활용하는 능력이 뛰어났다.

둘째, 가속 구간(30~60m)에서의 공간 확장으로, 그의 핵심 강점 중 하나는 가속력이 뛰어나다는 점이다. 일반적인 스프린터는 가속 구간에서 약 45m까지 최고 속도에 도달하지만, 그는 60~70m까지도 속도가 증가하는 패턴을 보였으며, 이는 공간 내에서 더 긴 가속 구간을 확보하는 능력 덕분이며, 다른 선수들보다 더 오랜 시간 속도를 올릴 수 있는 공간적 이점을 제공한다.

셋째, 최고 속도 구간(60~80m)에서 공간 지배로서, 그의 신체적 특성을 활용한 공간 최적화, 일반적인 스프린터의 보폭은 약 2.2m~2.5m이지만, 볼트는 평균 2.7m까지 확장할 수 있으며, 한 걸음당 이동 거리(공간 활용)가 크기 때문에, 같은 시간 안에 더 적은 발걸음으로 더 멀리 이동, 일반적인 선수보다 약 3~4걸음 덜 밟고 결승선을 통과하는 방식으로 공간을 효율적으로 활용하는 방식을 사용했다. 스텝 사이의 수직 진폭 최소화로서, 스프린터는 속도가 증가할수록 몸이 위아래로 튀어오르는 경향이 있는데, 그는 몸을 최대한 낮게 유지하며, 수평으로 힘을 전달하는 방식으로 공간을 지배했다.

넷째, 피니시(80~100m)에서의 공간 유지 능력으로, 다른 선수들이 피니시 구간에서 속도가 감소하는 반면, 그는 더 오랫동안 속도를 유지하고, 자신의 레인을 최대한 활용하여, 팔을 길게 뻗어 공간을 확장하며 결승선을 통과했으며, 2009년 베를린 세계선수권에서 9.58초를 기록할 당시, 결승선 직전에서도 자세를 유지하며 공간적 안정성을 극대화한 점이 인상적이었다.

결론적으로 우사인 볼트는 단순히 빠른 선수가 아니라, 공간을 최적화하여 더 적은 걸음으로 더 멀리 이동하는 능력이 탁월한 선수였다. 그의 공간 활용 능력은 신체적 특징과 뛰어난 경기 운영 전략이 결합한 결과라고 볼 수 있다.

24

바둑

1. 경기규칙
2. 경기장 재원
3. 바둑에서 공간 의미 및 공간 창출 능력
4. 개별 선수

24 바둑

개별선수
이세돌, 신진서, 최정

1 | 경기규칙

바둑 혹은 오로, 혁기는 두 사람이 흑과 백의 돌을 사각의 판 위에 번갈아 놓으며 집을 차지하는 것을 겨루는 놀이다. 중국과 일본에서 유래되었다. 가로와 세로 각각 19줄이 그어진 바둑판 위의 361개 교차점에 돌을 둘 수 있다.

2 | 경기장 재원

판 위에서 진행되는 경기이다.

3 | 바둑에서 공간 의미 및 공간 창출 능력

바둑의 효과는 수학적 능력과 연관이 많다. 바둑은 공간에서 집이라고 일컫는 도형을 만들어 가는 과정으로 도형의 분할과 관련하여 도형 감각 및 바둑의 집수를 계산하기 위한 치밀한 수학적 논리와 정확한 연산 또한 요구된다.

바둑 기사들은 다른 사람들에 비해 순간순간의 판단력과 수리력 및 도형 감각 등 수학적 능력들이 더 뛰어나다고 한다. 또한 집중력과 기억력, 수행조절 능력과 문제해결력 등 중요한 인지기능 발휘에 뛰어나다.

바둑에서의 공간 활용(집과 가능성의 관계)으로, 바둑은 집을 많이 만드는 게임이지만, 단순히 현재 보이는 공간을 차지하는 것보다 미래에 더 많은 가능성을 창출할 수 있도록 두는 것이 중요하다. 바둑에서 공간 창출이란 상대의 집을 제한하는 동시에, 자신의 돌이 유리하게 작용할 수 있는 공간을 만들어내는 것과 포석(초반 공간 배치)과 중반 전투에서 효율적인 배치를 통해 공간을 확장하는 능력을 말한다.

바둑은 다양한 효과를 보이는데, 두뇌 발달 측면으로, 두뇌개발 및 학습에 대한 적응력을 길러주고, 수리력 향상 측면에서 계산력 향상, 숫자 개념 및 공간에 대한 의미를 부여하고, 판단력 향상으로 취할 것과 버릴 것에 대한 가치판단을 정확히 하고, 상대의 수를 미리 읽는 습관으로 미래의 일을 미리 예측하고, 그에 따른 해결책을 연구하는 습관을 길러준다. 나아가 집중력과 암기력 향상으로 패배의 원인을 찾아 두 번 반복의 잘못을 막아준다. 침착성 및 인내심의 향상에 이바지하는 바 매수 집중으로 침착성 및 인내심이 생기며, 바둑을 두면서 예의범절인 바른 자세와 올바른 행동을 수반하도록 훈련한다.

4 | 개별 선수

1 이세돌 선수

이세돌 선수는 12세에 입단하고, 그 뒤로 2단이 되는 데에 3년이 걸렸다. 1999년에 3단이 된 뒤로 크게 활약하기 시작, 2000년에는

32연승을 거두며 제5기 박카스 배에서 우승, 최우수 기사상을 수상했다. 한국기원이 2003년에 승단 규칙을 개정한 뒤, 유례가 없는 속도로 9단까지 승단했다. 현재 세계 최고 수준의 기사 중 한 명으로 평가받고 있다.

바둑에서 공간 활용은 단순한 집(영역) 싸움이 아니라, 가능성의 패턴을 상상하고 최적의 수를 찾아내는 과정과 깊이 연결된다. 특히 그는 바둑에서 독창적인 공간 창출 능력을 갖춘 기사로 평가받았으며, 그의 대표적인 경기인 알파고와의 대국(2016년 4국)에서의 '신의 한 수(78수)'는 공간 활용 측면에서 매우 흥미로운 분석이 가능하다.

그는 공격적이고 창의적인 수법으로 공간을 능동적으로 창출하는 기사였으며, 알파고와의 대결에서도 이러한 특성이 나타났다. 그의 공간 창출 능력은 첫째, 불리한 공간에서 기회를 만드는 능력으로, 그는 상대가 공간을 장악한 상황에서도 묘수를 통해 균형을 깨고 새로운 공간을 창출하는 능력이 뛰어났다. 타개력인 위기를 돌파하는 능력이 강했으며, 불리한 상황에서도 공간을 재구성하여 반격의 기회를 만들었다. 둘째, 국지전에서의 공간 조작으로서, 싸움 속에서 돌을 효율적으로 배치하여 국지적인 공간 우위를 점하는 능력이 탁월했다. 상대가 쉽게 집을 만들지 못하도록 끊임없이 공간을 교란하고, 상대가 두기 어렵게 만드는 전술을 구사했다. 셋째, 넓은 공간을 활용하는 바둑을 두었는데, 바둑의 초반 포석에서 효율적으로 공간을 넓게 활용하는 능력이 강했다. 보통의 기사는 안정적인 배치를 선호하지만, 그는 공격적으로 넓은 공간을 차지한 후, 국지전에서 싸우며 균형을 무너뜨리는 스타일을 자주 사용했다.

한편, 알파고와의 첫 3국에서 그는 모두 패배하며, 알파고가 압도적인 계산 능력으로 공간을 장악하는 듯 보였지만, 4국에서도 이세돌이 불리한 상황이었지만, 78수(백 2선 붙임 수)를 두면서 전세를 뒤집는 계기를 만들었다. 78수의 공간 창출적 의미는 기존 공간 개념을 깨는 창조적 수이었는데, 당시 대부분의 인간 기사는 넓은 공간을 차지하는 형태를 중시했지만, 이세돌의 78수는 공간을 직접 차지하지 않으면서도 공간의 흐름을 바꾸는 수였다. 일반적인 바둑에서는 하변에서 더 많은 집을 만들기 위해 다른 수를 둘 가능성이 컸지만, 그는 상대의 집을 압박하는 동시에 중앙의 공간을 활용할 여지를 남기는 수를 선택했다. 상대의 공간 활용을 차단하고, 새로운 가능성을 여는 수이며 심리적 공간 창출을 한 수였다.

그의 '신의 한 수'는 단순한 한 점의 싸움이 아니라, 공간 활용의 개념을 뒤흔든 혁신적인 수였다. 그는 보이는 공간을 차지하는 것이 아니라, 상대가 예상한 공간을 재구성하는 방식으로 새로운 기회를 창출했으며, 이는 바둑뿐만 아니라 공간 활용 개념 전반에 걸쳐 중요한 시사점을 준다.

이세돌 선수의 바둑 능력과 신의 한 수에 대한 자료를 바탕으로 한 시를 작성해 주세요

● ChatGPT가 작성한 시

신의 한 수

고요한 바둑판 위,
흑과 백이 얽히고설킨 공간 속에서
이세돌은 보이지 않는 길을 찾았다.

모두가 닫혔다 말할 때,
그는 열린 문을 보았고,
패배라던 순간, 한 점을 내려놓았다.

그것은 단순한 돌 하나가 아니었으니,
차디찬 인공지능마저 당황한 신의 한 수.
숫자로 헤아릴 수 없는 공간을 가르고
빛나는 바람처럼 흘러갔다.

그 수는 단 한 점이었으나,
새로운 길을 열고, 새로운 바둑을 남겼다.
사람이 만든 수,
사람만이 볼 수 있었던 수.

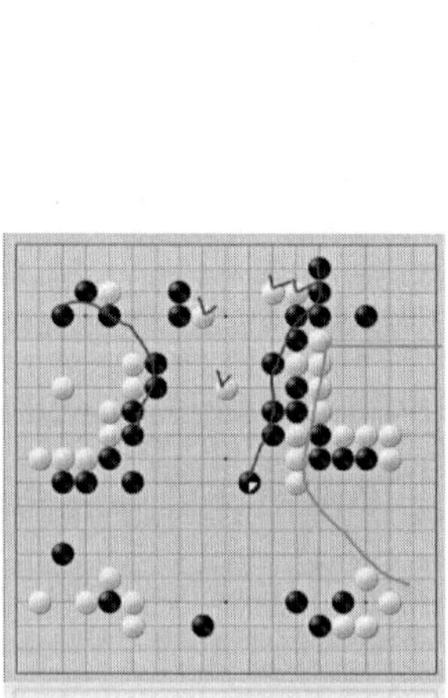

그리고 우리는 기억한다.
흑 78의 울림,
단순한 한 수가 아니라,
무한한 가능성의 증명이었음을.

2 신진서 선수

신진서 9단은 현재 세계 최강의 바둑 기사 중 한 명으로, 특히 공간 활용과 지배력 면에서 독보적인 특징을 가진 기사다. 그는 한국 바둑의 전통적인 스타일과 AI 바둑의 특징을 결합하여, 새로운 시대의 바둑 패턴을 창출하고 공간을 다루는 방식에서 혁신을 이끌고 있다고 평가받는다.

그의 바둑 스타일로 공간 지배력의 특징은, 첫째, 초반부터 공간 장악 - 강한 포석과 빠른 전개를 하는데, 그는 초반 포석에서부터 주도권을 쥐는 능력이 뛰어나며, 상대에게 안정적인 공간을 허용하지 않고, 최대한 넓은 영역을 빠르게 차지하면서도 효율적인 돌 배치를 구축한다. 둘째, 타개력이 아닌 주도권 싸움으로서, 과거 이세돌 9단은 위기에서 창의적인 타개력을 보여줬다면, 그는 애초에 위기를 만들지 않도록 공간을 지배하는 방식을 선호한다. 상대가 반격하기 어려운 위치에 돌을 배치하여 공격당하는 일이 거의 없으며, 오히려 상대를 지속적으로 압박하는 바둑을 둔다. 셋째, 전투 능력인 공간을 제한하고 상대를 고립시키는 능력으로써, 그는 공간을 활용한 전투에 강하며, 특히 상대를 고립시키는 능력이 탁월하고, 공간 내에서 상대의 돌을 효율적으로 봉쇄하고, 자신에게 유리한 국면을 유도하는 방식으로 싸움을 전개한다. 한정된 공간에서 상대를 움직이지 못하게 만들고, 공간 자체를 지배하는 방식으로 싸움에서 압도한다.

그의 바둑이 의미하는 것으로는, 현대 바둑의 공간 활용 변화로는 공간을 빠르게 장악하는 것이 중요해지고, 과거에는 집을 차분히 쌓아가는 바둑이 중요했다면, 인공지능 바둑 이후로는 초반부터 공간을 넓게 차지하는 것이 더 중요하게 되었으며, 그는 이러한 시대적 흐름을 가장 잘 적용하는 기사 중 하나이다. 나아가 공간을 주지 않는 것이 곧 승리의 열쇠라는 점으로 그는 상대에게 공간을 줄 여지를 거의 남기지 않으며, 이를 통해 불리한 상황을 최소화하고 항상 유리한 국면을 유지한다.

결론적으로 신진서의 공간 활용은 현대 바둑의 정점이며, 그는 과거 한국 바둑의 강점인 집 짓기와 전투력을 계승하면서도 인공지능 스타일을 접목하여 초반부터 공간을 장악하는 능력이 뛰어나고, 상대에게 공간을 내주지 않으면서도, 효율적으로 자신의 공간을 창출하는 능력이 압도적이다. 인공지능 시대 바둑의 정점에 서 있으며, 공간 지배력을 바탕으로 세계 바둑계를 선도하는 기사라고 평가할 수 있다. 즉, 그는 초반부터 공간을 지배하며, 인공지능의 효율성과 인간의 감각을 결합한 새로운 바둑 스타일을 창조한 기사로 스타이다.

3 최정 선수

최정 9단은 한국을 넘어 세계 여자 바둑을 압도하는 기사다. 그녀는 단순히 '여자 기사 중 강하다'가 아니라, 전체 기사 중에서도 전투력과 공간 지배력이 뛰어난 선수로 평가받는다. 그녀의 바둑 스타일로 공간 지배력의 특징을 살펴보자. 첫째, 공격적인 공간 활용으로, 상대의 공간을 무너뜨리는 바둑을 두며, 그녀는 방어적인 스타일이 아니라, 상대의 공간을 적극적으로 파괴하는 스타일이다. 상대가 안정적인 공간을 만들 기회를 주지 않으며, 지속적으로 공간을 흔드는 전술을 구사한다. 이 점에서 과거 이세돌 9단과 비슷한 창의적인 공격성을 갖고 있다. 둘째, 전투 바둑으로, 공간 속에서 끊임없는 싸움을 유도하는 것으로, 그녀는 한정된 공간에서 상대와 치열하게 싸우는 능력이 뛰어나고, 상대의 집을 제한하고, 공간을 무너뜨리면서 전투에서 유리한 위치를 선점하는 전략을 자주 사용한다. 단순한 공간 장악이 아니라, 전투 속에서 공간을 창출하는 능력이 탁월하다. 셋째, 변칙적인 공간 창출로서, 예상하기 어려운 수를 두는 것으로, 그녀의 바둑은 상대가 쉽게 예측하기 어려운 공간 활용이 특징이다. 전형적인 AI 바둑과 다르게, 돌이 의외의 곳에 놓이며 새로운 국면을 만들어내며, 상대가 쉽게 집을 만들지 못하도록 공간을 흔드는 능력이 압도적이다.

결론적으로 최정 9단은 공간 지배력을 바탕으로 한 독보적인 전투형 기사로, 공격적인 공간 활용과 상대의 공간을 무너뜨리는 능력이 그녀의 가장 큰 강점이고, 단순히 공간을 차지하는 것이 아니라, 공간 속에서 전투를 유도하고 상대가 쉽게 집을 만들지 못하게 하는 방식으로 바둑을 둔다. 인공지능 시대에도 인간적 감각을 유지하면서 전투에서 승리하는 능력이 뛰어나고, 여성 기사 중 독보적인 위치를 넘어, 전체 기사 중에서도 전투력과 공간 지배력에서 최상위권을 유지하고 있다, 요약하자면, 그녀는 상대의 공간을 무너뜨리며 싸움을 유도하는 공격적이고 독창적인 공간 활용 능력을 갖춘 세계 최강 여성 기사이다.

25

탁구

25 탁구

개별선수
유남규, 신유빈

1 | 경기규칙

직사각형 탁자의 가운데에 네트를 건 탁구대 양-옆에 서서 탁구채(라켓)로 속이 빈 작은 플라스틱 재질의 공을 쳐 넘기면서 승부를 겨루는 스포츠이다. 높은 순발력과 반사신경을 요구하는 구기로, 탁구공은 모든 구기 종목에서 사용하는 공 가운데 무게가 가장 가벼운 공(2.7g)으로 입으로 불면 날아가는 수준이다. 이는 같은 크기(지름 40mm)의 골프공(45g)의 1/20 수준밖에 되지 않는다. 따라서 힘 조절을 조금만 달리해도 공이 튀는 궤도가 달라지며, 공이 움직이는 속도가 매우 빠른 것이 특징이다. 탁구채 또한 러버 등의 외양이나 선수의 스타일에 따라잡는 법과 타구 법이 달라지며, 전략도 다양한 편이다.

2 | 경기장 재원

탁구대의 상판 표면은 폭 1.525m, 길이 2.74m의 직사각형으로 바닥에서 76cm 위에 수평 상태로 설치하며 표면은 어떤 재료를 사용해도 무방하나 표준 규격의 공을 30cm 높이에서 떨어뜨렸을 때 약 23cm로 일정하게 튀어야 한다. 중앙의 넷은 설치할 때 높이가 6인치(약 15.25cm)이다.

3 | 탁구에서 공간 의미 및 공간 창출 능력

탁구는 작은 테이블 위에서 빠른 공의 속도와 회전을 이용해 상대를 공략하는 스포츠이다. 따라서 공간을 어떻게 활용하고 창출하는지가 경기의 승패를 좌우한다. 공격에서의 공간 활용으로, 각도 활용으로는 공을 넓은 각도로 보내 상대를 테이블 바깥으로 끌어내고, 깊이 활용으로는 테이블의 끝자락을 공략해 상대가 수비하기 어려운 상황을 만든다. 속도와 위치 변화로 빠른 드라이브 공격과 짧은 빠른 앞쪽 공격으로 상대 리듬을 깨뜨린다. 공간 창출에 관한 것으로 속임수 플레이로서 회전과 공의 속도를 조절하여 상대가 오판하게 유도하고, 상대 움직임을 제한하여 공을 한 방향으로 유도한 후, 반대쪽 빈 공간을 공략하고, 짧은 공과 깊은 공을 섞어 사용하여 상대의 중심을 무너뜨리며 예측 불가능한 공격을 만든다. 수비에서의 공간 활용으로는 수비 위치선정으로 상대의 공격을 읽고 최적의 공간에서 반격할 준비를 하고, 카운터 블록 및 반격으로 상대 공격을 이용해 더 강한 공격으로 연결하며, 리턴 각도 조절로 상대의 약점이 되는 방향으로 공을 보내 공간을 활용한다.

4 | 개별 선수

1 유남규 선수

유남규 선수는 한국 탁구 역사상 가장 위대한 선수 중 한 명으로, 1988년 서울 올림픽 금메달을 획득하며 한국 탁구를 세계적인 수준으로 올려놓았다. 그의 플레이를 공간 활용과 창출 능력 측면에서 분석해 보자.

공간 활용 능력으로, 첫째, 강력한 드라이브와 빠른 속도로, 강한 드라이브를 이용해 상대를 후방으로 밀어내며 공간을 지배하고, 상대가 후방으로 밀려난 틈을 이용해 짧은 공을 구사하며 공격 패턴 변화를 준다. 둘째, 예리한 각도 플레이로서, 테이블의 양쪽 끝을 공략하며 상대를 지속적으로 움직이게 만들고, 좌우 코너를 활용해 상대가 균형을 잡기 어렵게 유도한다. 셋째, 서브 공간 활용으로, 다양한 회전 서브를 구사하며 상대의 리시브 위치를 제한하고, 특히 짧은 서브와 긴 서브를 혼합해 상대가 예측하기 어렵게 만든다.

공간 창출 능력으로서, 첫째, 예측 불가능한 공격 패턴으로, 같은 폼에서 서로 다른 회전을 만들어 상대의 판단을 어렵게 하고, 속임동작을 활용해 상대가 미리 움직이게 유도하고, 반대 공간을 공략한다. 둘째, 상대 움직임을 조종하는 플레이로서, 상대가 특정 공간을 커버하도록 유도한 뒤, 반대편을 공략하는 플레이를 하고, 스매시를 할 듯한 자세에서 갑자기 짧게 밀어 넣어 상대의 스텝을 무너뜨린다. 셋째, 빠른 발과 순발력을 통한 공간 활용으로, 상대의 공을 미리 예측하여 빠르게 위치 선정하고, 순간적인 스텝으로 공간을 창출하고 더 유리한 위치에서 공격을 이어간다.

이들을 종합하면, 유남규 선수는 빠른 속도와 정교한 컨트롤을 활용하여 공간을 지배하는 능력이 탁월한 선수였다. 공격에서는 강한 드라이브와 각도 공략을 통해 상대를 지속적으로 흔들었고, 수비에서는 빠른 반응과 예측 능력으로 상대의 공간 활용을 차단하며 반격 기회를 만들었다. 공간을 창출하는 능력은 그의 페인트 플레이, 다양한 서브 활용, 상대 움직임을 조종하는 전술적 운영에서 두드러졌다. 그의 이러한 공간 활용 능력 덕분에, 그는 한국 탁구의 황금기를 이끌었던 대표적인 선수로 남을 수 있었다.

2 신유빈 선수

신유빈 선수는 한국 여자 탁구의 차세대 에이스로, 빠른 속도와 강한 공격력을 바탕으로 국제무대에서 활약하고 있다. 특히, 공간을 활용하고 창출하는 능력이 뛰어나며, 이를 통해 상대를 압박하는 스타일을 보인다.

그녀의 공격에서의 공간 활용 및 창출을 알아보자. 공간 활용 능력으로, 첫째, 빠른 발과 전진 압박으로 그녀는 빠른 풋워크를 활용해 공격적인 전진 플레이를 펼친다. 상대가 충분한 공간을 확보하기 전에 빠르게 대응하여 공간을 제한하는 방식으로 경기 주도권을 잡는다. 이를 통해 상대를 수비적인 위치로 몰아넣고, 빈 공간을 공략하는 능력이 뛰어나다. 둘째, 강한 포핸드 드라이브 활용으로, 강력한 포핸드 드라이브로 상대를 코트 후방으로 밀어낸다. 상대가 후방으로 물러나면 네트 앞 공간이 열리게 되는데, 이때 짧은 공을 보내 상대를 다시 앞으로 불러낸다. 이러한 길고 짧은 공의 조합을 통해 상대를 지속적으로 움직이게 하며, 공간을 효과적으로 활용한다. 셋째, 좌우 코너 공략으로, 상대의 백핸드와 포핸드 사이인 미들 포인트를 적극적으로 공략해 공간을 만들고, 이후 좌우 코너를 빠르게 공격하여 상대가 충분히 반응할 시간을 주지 않는다. 이러한 빠른 공간 활용 능력은 그녀의 장점 중 하나이다.

공간 창출 능력으로는, 첫째, 예측 불가능한 서브와 리시브 패턴으로, 그녀는 다양한 회전 서브를 사용해 상대가 특정 위치에서만 반응하도록 유도한다. 상대가 한쪽 방향으로 치우치게 만든 뒤, 반대편 공간을 공략하는 패턴이 자주 등장한다. 특히 롱 서브와 숏 서브의 변화를 적절히 섞으며 상대를 계속 움직이게 만든다. 둘째, 빠른 공격 전환으로, 상대가 수비적으로 리턴할 경우, 신속하게 포지션을 잡고 강하게 반격하며 공격 공간을 창출한다. 상대가 예상하지 못한 각도로 공을 보내며, 상대의 공간을 제한하는 능력이 탁월하다. 셋째, 네트 플레이와 짧은 공 활용으로, 상대가 뒤로 물러나면 네트 앞에 짧은 공을 떨어뜨려 다시 앞으로 불러낸다. 이러한 짧은 공과 강한 공격의 조합으로, 상대가 공간을 효과적으로 활용하지 못하도록 만든다.

그녀의 수비에서의 공간 활용 및 창출 능력을 알아보자. 공간 활용 능력으로, 첫째, 빠른 반응 속도와 수비력으로, 그녀는 상대의 강한 공격에도 빠르게 반응하며, 수비 공간을 지키는 능력이 뛰어나다. 특히 코트 중앙에서 빠르게 반응하여 상대의 각도 있는 공격을 막아내고, 역습으로 전환하는 능력이 있다. 둘째, 컨트롤된 블록과 카운터 드라이브로서, 상대의 공격을 단순히 받아넘기는 것이 아니라, 블록을 통해 공을 상대가 불편한 공간으로 보내는 능력이 있다. 예를 들어, 상대가 포핸드로 공격하면 백핸드 블록으로 상대의 미들 포인트를 공략하여 공간을 제한하는 식이다. 공간 창출 능력으로, 첫째, 상대의 움직임을 유도하는 수비로서, 상대가 한쪽 방향으로 치우치도록 유도한 뒤, 반대쪽 공간을 이용해 반격하는 플레이가 자주 등장한다. 상대가 코트 한쪽으로 움직이면, 반대쪽을 노리는 카운터 드라이브를 활용하여 공간을 창출한다. 둘째, 적극적인 수비 후 역습 전환으로, 단순히 공을 받아넘기는 것이 아니라, 적극적인 수비 후 상대의 빈 공간을 공략하며 공격 전환을 빠르게 가져간다. 이를 통해 상대가 공간을 확보하기 전에 빠른 반격을 시도하는 것이 그녀의 특징이다.

이들을 종합한 결론으로, 신유빈 선수는 빠른 스피드와 공격적인 전진 플레이를 바탕으로 공간을 효과적으로 활용하고 창출하는 능력이 뛰어난 선수이다. 공격에서는 강한 포핸드 드라이브, 넓은 각도 플레이, 빠른 속도 변화를 통해 상대를 끊임없이 움직이게 한다. 수비에서는 빠른 반응과 적절한 블록을 활용하여 상대 공격을 무력화하고, 역습을 통해 새로운 공간을 창출한다. 서브 및 리시브에서도 다양한 변화를 통해 상대를 예측 불가능한 상황으로 몰아넣으며 공간을 효과적으로 활용한다. 이러한 강점을 바탕으로 그녀는 한국 여자 탁구를 대표하는 차세대 스타로 성장하고 있으며, 앞으로도 공간을 지배하는 플레이를 통해 더욱 발전할 것으로 기대된다.

마무리하는 순간을 되돌아보면서....

물리에서 정의하는 운동은 시간에 따라 물체의 운동이 변하는 것이다. 우리는 정지하고 있을 때도 우리의 신경계와 호르몬계에서는 끊임없는 운동이 일어나고 있다. 결국 우리 모두가 운동선수이고 우리는 모두 수학적 능력을 계속해서 사용하고 있다는 것을 말할 것이다.

여기서 우리는 하나의 의문을 제기한다. 일단 암묵지와 명시지 개념부터 알아야 하는데 명시지는 글자 그대로 명시적으로 알 수 있는 형태, 즉 형식을 가지고 표현되고 전파와 공유가 가능한 지식이다. 반면 암묵지는 경험과 학습으로 의해 몸에 밴 지식 즉 감각을 의미한다. 이러한 개념 아래에서 메시가 과연 드리블할 때 지금 나와 수비수의 각도가 왼쪽으로 40도니깐 내가 90도 정도 오른쪽으로 꺾어서 40뉴턴만큼의 힘을 주면 최적이겠다라고 생각할까? 절대 아니다. 아니면 우리가 메시를 수학적으로 분석한 영상을 100시간 정도 보면 메시만큼 할 수 있을까? 절대 아니다. 즉 암묵지인 감각이 메시의 발끝에 녹아있다는 것이다. 이 말고 다른 운동의 예시를 생각해보아도 모든 운동의 암묵지는 수학적 명시지로 표현할 수 있다는 사실을 생각할 수 있다. 그러면 이 암묵지가 일상에서의 운동이라고 하면 우리의 일상에서의 운동은 수학적 명시지로 나타낼 수 있지 않을까? 우리는 항상 운동을 하고 있다. 그렇다면, 우리의 일상이 수학적 명시지로 나타낼 수 있고 우리의 삶이 수학이 아닐까?는 최종 의문의 종착역에 다다르게 된다.

예를 들어 *각도와 힘*, 우리는 물건을 잡아서 들어올릴 때 그에 알맞은 힘을 사용한다. 그리고 넘어질 때도 생각하지 않고 덜 아프게 넘어지는 쪽으로 손목과 무릎을 적당한 각도로 구부리고 적당한 힘을 준다. 그다음 확률과 통계와 관련해서, 우리는 모든 사람을 똑같이 대하지 않는다. 과거에 상처를 잘 받는다는 통계가 있는 친구는 같은 말을 해도 상처받을 확률이 크기 때문에 말을 조심하게 된다. 일할 때도 다양한 방법으로 해보다가 어떤 방법이 해보았을 때 편하단 통계가 나오면 우리는 편할 확률이 높은 그 방법을 사용한다. 마지막 숫자는 말할 것도 없다. 공깃밥 2인분과 같은 단위의 용도, 건물을 지을 때 길이, 무게의 수치를 재는 용도, 시간을 새는 용도 등 숫자가 없다면 일상 생활하기에 굉장히 어려울 것이다. 이처럼 우리는 우리도 모르게 수학을 사용하고 있다. 일상이라는 암묵지는 하나하나 다 따져봐서 종이 위에 적으면 수학이라는 명시지로 표현할 수 있다는 것이다. 즉 우리의 삶은 수학이고 우리는 운동할 때 즉 '항상' 수학적 능력을 사용하고 있다.

모든 스포츠는 기록을 통해 선수의 능력과 자질을 평가한다. 공간을 지배하는 것이 스포츠 스타의 핵심 자질이라는 점이며, 공간을 **어떻게 점유하고 활용하느냐**가 경기의 흐름을 결정짓기 때문이다. 그리고 그 기록들은 상당수가 공간을 어떻게 활용하고 창출하느냐의 능력에 달려 있다고 해도 과언이 아니다.

● 스포츠 경기에서 공간 활용을 차원 측면에서 분석

스포츠 경기에서 공간 활용을 차원의 측면에서 분석하면, 주로 2차원(평면), 2.5차원(고도 포함), 3차원(입체적 움직임)의 세 가지 방식으로 나눠 볼 수 있다. 이를 각각 살펴보자.

첫째, 2차원 분석으로 스포츠 경기장의 대부분은 평면(2D) 공간에서 이루어진다. 선수들은 X(가로)와 Y(세로) 좌표를 따라 움직이며 공간을 점유하고 활용한다. 활용 예시로, 축구에서는 패스 네트워크, 포메이션 유지, 공간 점유율 분석을, 농구에서는 3점 라인 주변 공간 점유, 픽앤롤에 따른 공간 활용을, 배구에서는 서브 및 리시브 위치, 블로킹의 공간적 배치를 들 수 있다. 2차원 분석의 핵심 요소로는 선수 간 거리인 패스 거리, 압박 거리 분석, 밀도 분석(특정 지역(페널티 박스, 페인트 존) 내 점유율), 히트맵으로 특정 구역에서 선수들이 얼마나 많이 머무르는지 시각화가 대상이 된다.

2.5차원 분석 (고도 포함)으로는 일부 스포츠에서는 점프, 공의 궤적, 높이 활용 등의 요소를 추가하여 2차원보다 한 단계 높은 분석이 필요하다. 활용 예시로 축구에서는 헤딩 경합 시 점프 높이, 골킥 및 크로스 궤적 분석을, 농구에서는 슛 릴리즈 높이, 블로킹 타점, 리바운드 점프 높이를, 배구에서는 스파이크 높이, 블로킹 타점을 분석 대상으로 한다. 이러한 2.5차원 분석의 핵심 요소로는 점프 및 타점 높이(헤딩, 블로킹, 덩크슛의 고도 등), 공의 궤적(곡선 패스, 슈팅 아크 분석 등), 착지 위치 예측으로 공의 낙하지점 및 리바운드 예측 등을 들 수 있다.

3차원 분석으로는 공중 플레이가 중요한 스포츠(예: 체조, 다이빙, 스키 점프)에서는 3D 좌표(X, Y, Z)를 모두 고려해야 한다. 활용 예시로 체조에서는 공중 회전 각도 및 착지 위치 분석을, 스키 점프에서는 비행 자세, 착지 각 분석을, 다이빙에서는 회전 속도, 진입 각, 입수 타이밍 분석을 들 수 있다. 이러한 3차원 분석의 핵심 요소로서는 공중 궤적 및 회전으로 다이빙, 체조 기술 평가를, 가속도 및 감속도로 착지 시 충격 분석을, 운동학적 분석으로 선수의 신체 움직임을 3D 동작 추적 등을 들

수 있다.

결론적으로 2D 분석으로는 전술, 포지션, 패턴 분석에 적합 (축구, 농구 등), 2.5D 분석으로서 높이, 점프, 궤적 고려가 필요한 스포츠에 적합 (배구, 농구 등), 3D 분석으로 공중 플레이가 중요한 스포츠에 필수 (체조, 다이빙 등)이다. 이러한 차원적 접근 방식을 활용하면, 선수들의 공간 활용을 더 정밀하게 분석하고 최적화할 수 있다.

공간을 지배하는 자가 스포츠 스타다

초판발행 2025년 11월 5일

지은이 김상룡
펴낸이 오판근
펴낸곳 (주) 교우
주 소 서울시 동대문구 약령시로 8 교우빌딩 2층 (주)교우
전 화 02-925-2861 / **팩 스** 02-925-2860, **편집부** 02-925-2825
홈페이지&북스토어 www.kyowoo.co.kr / **이메일** kyowoo@kyowoo.co.kr

등 록 1994년 3월 24일 제1994-000013호
ISBN 979-11-251-0471-1 (03410)

Published by Kyowoo Co., Ltd. Printed in Korea

(주) 교우는 보다 혁신적이고 참신한 도서를 다양하게 기획하고 있습니다.
책으로 펴내고자 하는 아이디어나 원고는 메일로 보내주세요.
(주) 교우는 전과정을 책임지고 최선을 다하겠습니다.

값 22,000원

교우미디어는 (주) 교우의 Imprint 사입니다.
수학정원·과학정원은 (주) 교우의 새로운 브랜드명입니다.

잘못된 책은 구입하신 서점에서 교환해 드립니다.